LA VIDA EN EL COSMOS

DOMINÓS
Colección dirigida por Michel Serres
y Nayla Farouki

FRANÇOIS RAULIN

LA VIDA EN EL COSMOS

Una exposición para comprender
Un ensayo para reflexionar

DEBATE
DOMINÓS

Primera edición: octubre 1994

Diseño gráfico: Daniel Leprince
Investigación fotográfica: Marie-France Naslednikov
Ilustraciones: Fractale
Traducción: Flavia Puppo

Foto de cubierta: Géiser, Yellowstone
© Ph. A. Thomas/Explorer

Título original: *La vie dans le Cosmos*

I.S.B.N.: 84-7444-827-1
Depósito legal: M. 25.671-1994
Impreso en Unigraf, Arroyomolinos, Móstoles (Madrid)
Impreso en España *(Printed in Spain)*

Sumario

La primera vez que se cita un término que remite a un vocabulario especializado y explicado en el Glosario aparece seguido de un asterisco (*).

François Raulin. Ingeniero de la ESPCI, École Supérieur de Physique et Chimie Industrielle, doctor en ciencias, químico y exobiólogo. Ejerce como profesor en la Universidad de París XII-Val-de-Marne. Dirige allí la licenciatura de química y el grupo de físico-química orgánica espacial en el seno del LISA (Laboratorio Interuniversitario de los sistemas atmosféricos, asociado al CNRS, Centro Nacional de Investigación Científica).

Apasionado por las investigaciones sobre los orígenes de la vida y sobre la química orgánica extraterrestre, participa en la misión Cassini-Huygens hacia Saturno y Titán, como científico interdisciplinario, representando el campo de la exobiología.

Es autor y coautor de numerosos artículos en revistas científicas internacionales, de artículos de divulgación y de dos libros: *L'apparition du vivant*, publicado por Presses-Pocket en la colección «Explora», en 1991, y *L'Évolution chimique et les Origines de la vie*, que escribió en colaboración con André Brack, publicado por Masson en la colección «Les grands problèmes de l'évolution».

Prólogo

La idea de que la vida pueda existir en otro lugar además de en nuestro planeta es muy antigua. Por el contrario, el establecimiento de una ciencia dedicada al estudio de la vida extraterrestre y reconocida por las instancias oficiales es muy reciente. Esta ciencia es la exobiología *, surgida con el desarrollo de la exploración espacial. En efecto, cuando la Agencia Espacial Estadounidense, la NASA (*National Aeronautic and Space Administration*) lanzó el programa *Apollo* se planteó rápidamente la pregunta acerca de la vida extraterrestre: al ir a la Luna, ¿no se corría el riesgo de contaminarla con gérmenes vivos terrestres? Y, sobre todo, ¿no se corría el riesgo de contaminar nuestro propio planeta con eventuales gérmenes vivos lunares y de poner así en peligro la vida terrestre? Se volvía entonces indispensable estudiar en detalle la posibilidad de vida en la Luna y de determinar la probabilidad de existencia de esos sistemas vivos y de su posible interacción con la vida terrestre.

En efecto, es en los años 60 cuando se inventó la palabra «exobiología». Su autor, el biólogo Joshua Lederberg pensaba que «*extraterrestrial biology*» (biología extraterrestre) era demasiado difícil de pronunciar (al menos para un estadounidense). Propuso este otro término que correspondía, por tanto, inicialmente a la ciencia de la vida extraterrestre. En general fue aceptado por la comunidad científica y quizá en parte gracias a la reputación de su inventor (Lederberg fue laureado con el Premio Nobel de Medicina y Fisiología en 1958), la exobiología se convirtió progresivamente en un campo científico completamente pluridisciplinario. Pero su ámbito de investigación se amplió considerablemente: ya no está limitado a la investigación de la vida extraterrestre. La exobiología se ha transformado, de manera general, en el estudio de la vida en el Universo, más precisamente en el estudio de los orígenes, la distribución y la evolución de la vida en el Universo, así como también de las estructuras y procesos asociados a ella.

La exobiología es una ciencia que aún está buscándose a sí misma pero que ya ha encontrado su camino. En este libro se describe precisamente la evolución de este campo, a través de la de sus definiciones, así como la evolución que debería darse en los años futuros.

Un cúmulo de gusanos gigantes
A pesar de las condiciones de temperatura extremas (más de 100 °C) y sobre todo de presión (250 atmósferas) que reinan en las proximidades de esta fuente caliente abisal, en el océano Pacífico, estas salidas de gases en el mar, descubiertas a 3.000 metros de profundidad, proporcionan un ejemplo sorprendente de nichos ecológicos inesperados. Quizá este entorno haya sido también un medio privilegiado para el origen de la vida en la Tierra.
Foto © IFREMER.

Del mito
a la realidad científica

La pluralidad de los mundos habitados

«*Qué poco razonable sería suponer que fuera de la Tierra y del cielo que percibimos no existen otros cielos y otras Tierras.*» (Teng Mu, filósofo chino, siglo XIII.)

Giordano Bruno

Si en alguna ocasión vuestros pasos os llevaran al XIV *arrondissement*[1] de París, tomad la rue de Ledion hacia la des Plantes. A mitad de camino, esta pequeña calle cambia curiosamente de nombre y se convierte en la rue Giordano Bruno. Allí, exactamente, frente a la entrada de proveedores del hospital Notre-Dame-de-Bon-Secours, sobre la tapia que se extiende a lo largo del ferrocarril de la Petite Ceinture, descubriréis una pequeña placa dorada. Podréis leer la inscripción siguiente: «Giordano Bruno, 1548-1600, filósofo del Renacimiento, defensor de la libertad de consciencia.» En el año 1600, Giordano Bruno desaparecía entre las llamas de la hoguera, condenado por la Iglesia católica romana a ser quemado vivo. ¿Qué crimen horrible había cometido? Había osado pensar que la Tierra no era quizá el

[1] División administrativa de París. El XIVe arrondissement se encuentra al sur de la ciudad, en la margen izquierda del Sena. *(N. de la T.)*

único astro del Universo que albergaba la vida, que el Universo es infinito, que evoluciona eternamente y... que está poblado de seres vivos. En su obra *Del' infinito universo e mondi* se puede en efecto leer: «Existen inumerables soles e innumerables tierras que giran alrededor del sol, exactamente como nuestros siete planetas giran alrededor de nuestro Sol. Hay seres vivos que habitan esos mundos.»

Y, sin embargo, es probable que para llegar a esta idea, el sabio italiano no hubiera tenido más que leer atentamente ciertas obras ya publicadas desde hacía bastante tiempo en su época, en particular las de Nicolas Copérnico (1473-1543). En efecto, en el tratado *De revolutionibus orbium caelestium*, libri V, publicado en 1543, Copérnico proponía la hipótesis del doble movimiento de los planetas, sobre sí mismos y, sobre todo, alrededor del Sol, negando de este modo que la Tierra fuese el centro del mundo. Por esta idea sumamente herética, Copérnico tendría por cierto que haber precedido a Giordano Bruno en la hoguera. Pero la Inquisición no tuvo tiempo de condenarlo: Copérnico desapareció —de muerte natural— sólo algunos meses después de la publicación de su obra.

Noventa años más tarde, Galileo Galilei (1564-1642), que profesaba ideas análogas, pasó también él muy cerca de la hoguera y tuvo que hacer una retractación pública, abjurando y maldiciendo, de rodillas, sus «errores y herejías», frente al tribunal de la Suprema y Universal Inquisición de la Santa Iglesia Católica: es efectivamente la Tierra y no el Sol lo que está en el centro del mundo. Ello no le impidió de cualquier forma seguir pensando que *«eppur, si muove»* («y sin embargo, gira»).

Así, Giordano Bruno cometió el error —y tuvo el coraje— de sostener sus ideas, contrarias a las de la Iglesia. Se le puede considerar como el primer mártir histórico de la exobiología. Otros, que permanecieron en la sombra, lo han precedido sin duda. La idea de otros mundos habitados es por cierto tan antigua como la humanidad. La imaginación desbordante del *Homo sapiens* ha sabido efectivamente poblar los diferentes astros, incluidos los del Sistema Solar —al menos aquellos que podía observar— de seres vivos e incluso pensantes.

De la antigüedad al siglo XIX

Tan lejos como pueda remontarse en la memoria de la humanidad, la idea de que la vida pueda existir en algún otro sitio además de en la Tierra está constantemente presente. La encontramos en los escritos más antiguos, en los primeros libros hindúes: allí se dice que el alma, después de haberse encarnado en nuestro planeta, llega a los astros celestes.

El concepto de vida extraterrestre es ampliamente profesado en la Grecia antigua. La mayoría de los filósofos (y matemáticos) griegos, desde Tales (siglos VII-VI a.C.) hasta Pitágoras (siglo VI a.C.), imaginan que había seres en la Luna y están convencidos de la existencia de otros mundos, semejantes al nuestro, mundos en los que la vida es floreciente y variada. Lo mismo ocurre con los filósofos y los poetas latinos tales como Lucrecio (h. 98-55 a.C.), que proclama, en su célebre *De natura rerum,* que «en cualquier parte donde la materia inmensa encuentre un espacio que la contenga no habrá ningún obstáculo para su desarrollo, hará nacer la vida bajo formas variadas».

Después del largo pasaje de la Edad Media, la hipótesis de la pluralidad de mundos habitados renace progresivamente. El desarrollo de la astronomía instrumental, unido a la invención de técnicas revolucionarias —anteojo, más tarde el telescopio— echa una luz nueva sobre esta idea que ha de florecer realmente en el siglo XVII.

Sin embargo, ese siglo se inicia muy mal, al menos en el ámbito de lo que ha de volverse luego la exobiología, con la ejecución de Giordano Bruno. Al acabar el siglo, se han publicado numerosas obras que sugieren o incluso describen explícitamente otros mundos habitados. Es el caso, en particular, de los *Entretiens sur la pluralité des mondes* del escritor de renombre Bernard Le Bovier de Fontenelle (1657-1757), aparecida en 1686. Es asimismo el caso de la obra, mucho más científica, *Cosmotheoros*, publicada en 1696 por el astrónomo holandés Christiaan Huygens (1629-1695).

Filósofos, escritores y poetas, enciclopedistas y sabios del siglo XVIII continúan alimentando esta idea. La volvemos a encontrar en las obras de Immanuel Kant (1724-1804), en los poemas de Goethe (1749-1832) y en los escritos de Pierre Simon Laplace (1749-1827), por citar sólo a unos pocos. Estas ideas se encuentran también retomadas y ampliamente difundidas por Camille Flammarion (1842-1925), sin el cual esta obra no habría sido nunca posible. Es ciertamente él quien más ha contribuido, a finales del siglo XIX, a la difusión del concepto de la universalidad de la vida.

Camille Flammarion y la pluralidad de mundos habitados

Reuniendo de manera armoniosa destacadas cualidades como astrónomo y talento de escritor, Camille Flammarion ha defendido, con vigor y entusiasmo, el tema de *La pluralidad de mundos habitados*. Lo encontramos, evidentemente, en la obra que lleva dicho título y cuyo resumen es explícito: «Estudio en el que se exponen las condiciones de habitabilidad de las tierras celestes, discutidas desde el punto de vista de la astronomía, de la fisiología y de la filosofía natural.» Pero está también presente en la mayoría de sus obras literarias. *Los mundos imaginarios y los mundos reales* incluye un importante «examen crítico de las teorías humanas, científicas y romanescas, antiguas y modernas, sobre los habitantes de los astros» (*sic*). Este tema está también ampliamente presente en la célebre *Astronomía popular* o en las *Contemplaciones científicas*. Esta última obra, aunque menos conocida, es igualmente convincente. Así, como conclusión del capítulo sobre la composición química de los astros, escribe: «Y cuando pensamos que esas innumerables estrellas son otros tantos soles [...]; que hay allá, como aquí, los mismos intercambios, los mismos movimientos, las mismas transformaciones químicas, la vida astronómica del universo se despoja de la aridez bajo la cual nos la presentan habitualmente y asistimos al curso armonioso y universal de una vida infinita.»

Una idea fundamental está presente en sus escritos, la de la universalidad de las leyes de la física y de la química. Esta idea no es absolutamente nueva pero, en la época de Camille Flammarion, a fines del siglo XIX, ya no es gratuita, dado que comienza a verse apoyada por observaciones que crecen más y más.

Los descubrimientos acerca de la naturaleza de la luz, el desarrollo de nuevas técnicas que permiten analizarla, el estudio de las piedras caídas del cielo son otros tantos medios de exploración del Universo extraterrestre, incluidos los astros lejanos. Y estas observaciones muestran claramente que estos cuerpos celestes están hechos con los mismos elementos químicos que los que componen nuestro planeta. «Las observaciones realizadas durante el eclipse total de 1868 han demostrado además que las altas protuberancias que se escapan del Sol bajo formas de largas llamas están formadas por hidrógeno incandescente»: es así como describe Camille Flammarion en sus *Contemplaciones científicas* las primeras observaciones de erupción solar, lo que confirma la presencia (ya conocida junto a la de otros numerosos elementos químicos) del elemento hidrógeno (H) en la atmósfera solar.

Las observaciones espectroscópicas permiten también descubrir que la mayoría de los planetas hasta entonces conocidos poseen una atmósfera, mientras que la Luna carece de ella. Pero estos descubrimientos van mucho más allá del Sistema Solar: «¡Hoy en día conocemos —señala Flammarion en esa misma obra— la naturaleza química de más de trescientas estrellas!»

Muy a comienzos de nuestro siglo, la Luna, que se presenta como un astro sin atmósfera, no se considera ya seriamente como un nicho posible de vida. Sus eventuales habitantes no son más que imaginarios selenitas salidos de una novela de Julio Verne. En contrapartida, otros astros conocidos del Sistema Solar permanecen poblados de plausibles habitantes, incluso por la imaginación de los científicos. Venusianos, marcianos, jovianos y saturnianos son realmente tenidos en cuenta por los precursores de los exobiólogos del siglo XX. Éstos, con Flammarion a la cabeza, perciben ya la influencia del medio ambiente planetario en la evolución de estos extraterrestres: éste supone que el equivalente marciano o joviano del «brillante resumen de la serie zoológica» terrestre que supuestamente nosotros constituimos debe adoptar una forma muy diferente a la nuestra.

Enfoques científicos complementarios

La ciencia ficción y los medios masivos de comunicación han tomado hoy en día el relevo en este ámbito. Ahora bien, nunca hemos encontrado un solo caso de vida además de la vida terrestre. Sin embargo, el campo se ha enriquecido y se han desarrollado recientemente múltiples enfoques. ¿Por qué una búsqueda tal? La curiosidad científica tiene ciertamente bastante que ver, la particularidad del campo también, ya que la exobiología está vinculada a lo que fue considerado durante mucho tiempo como el gran misterio de la vida. En efecto, interesarse por la vida extraterrestre es también intentar comprender el origen de la vida terrestre. Los científicos que trabajan en este campo están también en busca de nuestros orígenes.

Entre los numerosos caminos que esta búsqueda puede seguir, hay tres que son particularmente privilegiados. La investigación *in situ* es una búsqueda directa de sistemas vivos macroscópicos o de sus huellas. La investigación por teledetección de señales de inteligencia extraterrestre está fundada en la hipótesis de que existe en otro sitio una vida inteligente extraterrestre tecnológicamente avanzada. Tiene que disponer de técnicas análogas a las nuestras y emitir, intencionalmente o no, señales detectables. Finalmente, la investigación más importante hasta ahora, la que ha dado más resultados, es el estudio de la vida terrestre, de su evolución y de sus orígenes. Es indispensable, en efecto, comprender y aprehender los procesos que han conducido a este fenómeno casi maravilloso que es el ser vivo terrestre, a lo que en algunas ocasiones se considera (quizá equivocadamente) como el *nec plus ultra* de la evolución biológica terrestre: la especie humana.

La vida: de lo macroscópico a lo molecular

¿Qué es la vida?

¿Qué es la vida? «El conjunto de funciones que resisten a la muerte», responde el anatomista Xavier Bichat (1771-1802). Una propiedad de los «objetos dotados de un proyecto», sugiere el Premio Nobel de biología Jacques Monod (1910-1976), en su célebre ensayo *El azar y la necesidad* (1970). Aunque esta pregunta parece muy simple, no resulta de ningún modo evidente responder a ella. En efecto, la vida aparece más como un conjunto de propiedades comunes a muy numerosos sistemas que se llaman «vivos» que como un concepto fácilmente aprehensible. Por esta razón, las definiciones de la vida son casi tan numerosas como las disciplinas científicas.

Haced la pregunta a un biólogo celular, os dirá probablemente que para él la vida es la célula, elemento microscópico universal del ser vivo terrestre, con sus propiedades funcionales específicas, principalmente la reproducción y el metabolismo. Un biólogo molecular, en lo que a él se refiere, considerará la vida más bien como un sistema macromolecular que posee la facultad de duplicarse y restringirá además en ocasiones este sistema al «mundo ARN *».

Para un especialista de la termodinámica * química, la vida aparecerá como un sistema muy complejo capaz de mantenerse lejos del equilibrio. El exobiólogo es un científico que dedica sus investigaciones —que dependen de una especialidad y de un campo académico— al estudio de la vida en el Universo. Su definición de la vida es estrechamente dependiente de su especialidad dominante.

Para muchos físico-químicos que se interesan por el campo de la biología y por el origen de la vida sobre la Tierra, el ser vivo es un sistema complejo, rico en información, capaz de duplicarse, de evolucionar, conservando y aun haciendo fructificar esta información. Para retomar una analogía cara al químico André Brack —uno de los especialistas más activos en Francia en este campo— la vida es un sistema capaz de hacer fotocopias de sí mismo, que al final no terminan siendo sino copias ilegibles del original; la fotocopiadora viva conduce —a través de las mutaciones— a copias a veces más ricas en información que los originales de los que provienen.

Es la complementariedad de todas las características funcionales de los sistemas vivos la que debe considerarse en la definición de la vida: metabolismo, reproducción, selección y evolución. Hay que agregar también la homeostasis *, capacidad de autorregulación frente a las variaciones de las constricciones del medio exterior: los sistemas vivos saben evolucionar adaptándose a las constricciones impuestas por el medio en el que se encuentran. Muchos sistemas u objetos presentan una o varias de estas propiedades pero no la totalidad: no son entonces sistemas vivos.

La llama de una vela, que utiliza el medio ambiente (el oxígeno del aire y la materia combustible de la vela) para mantenerse, no es un ser vivo pero representa un ejemplo de metabolismo primitivo, análogo al de las plantas. Estas últimas, seres vivos autótrofos * (capaces de sintetizar sus componentes biológicos básicos [2] a partir de los elementos inorgánicos * que los rodean, gracias a los mecanismos de la fotosíntesis * biológica), utilizan la energía luminosa del Sol y el dióxido de carbono para sobrevivir y desarrollarse. El principio es, por tanto, el mismo que se pone en juego en el caso de la llama, aunque los mecanismos sean, evidentemente, muy diferentes. Este principio corresponde a una de las características fundamentales de la vida: la utilización de flujo de energía y de materia exteriores para persistir y reproducirse, para mantenerse fuera de un equilibrio termodinámico que, en sí mismo, corresponde a la muerte. Ésta puede considerarse como el retorno del sistema vivo al equilibrio termodinámico —que significa, entre otras cosas, la ausencia de posibilidad de evolución con conservación de las estructuras.

La propiedad de reproducción no es, tampoco, exclusiva de la vida. Los cristales son también capaces de reproducirse, con sus imperfeccciones. La introducción de gérmenes de cristales en soluciones de sales minerales induce la cristalización —la reproducción casi al infinito— de la estructura cristalina microscópica inicialmente introducida. El exobiólogo (y astrofísico) francés Jean Schneider ve además en los cristales posibles modelos de vida extraterrestre. Pero en este punto se inicia un campo de gran especulación. A pesar de las numerosas similitudes

---

[2] La palabra que utiliza el autor en el texto original es «briques» (las comillas son suyas), que significa ladrillo, haciendo alusión al elemento básico en la construcción de un edificio. *(N. de la T.)*

entre las funciones del mundo cristalino y las del mundo (orgánico *) vivo, existe entre ellos una diferencia fundamental: la complejidad del mundo cristalino es considerablemente inferior a la del mundo vivo.

Entonces, ¿qué definición elegir para esta vida? ¡Hay que admitir que definir una clase —el ser vivo— de la que sólo conocemos un único elemento —el ser vivo terrestre— es una tarea sumamente difícil! De todos modos parece razonable caracterizar a la vida por sus propiedades de duplicación y de mutación.

Una diversidad aparente

Y sin embargo, ¡cuánta diversidad en el mundo viviente! Una diversidad originada en primer lugar en el aspecto, la morfología, el tamaño. Los seres vivos del mundo microscópico presentan en su mayoría dimensiones del orden del micrómetro * (millonésima parte del metro), mientras que los del mundo macroscópico presentan tallas que pueden alcanzar varias decenas de metros. Diversidad en los mecanismos globales, tales como los de la reproducción (sexuada o asexuada, ovíparos o vivíparos), de aprehender el medio ambiente, de recuperación de energía (indispensable para vivir).

Los autótrofos son capaces de sintetizar directamente sus materiales orgánicos a partir de los elementos simples que los rodean. Los seres vivos heterótrofos *, por el contrario, predadores forzosos de la naturaleza, deben utilizar la materia orgánica preformada, a través de la alimentación. Es el caso de todos los seres vivos que componen la fauna; en particular es el caso del hombre. Dentro del ámbito de los heterótrofos, existen numerosas variantes según el tipo de alimentación.

Estas variantes son aún más numerosas en el mundo de los autótrofos. En efecto, la fotosíntesis biológica no es el único mecanismo posible de fabricación de componentes biológicos básicos por parte de los seres autótrofos. Ciertas bacterias son capaces de utilizar fuentes de energía diferentes de la energía luminosa para transformar el dióxido de carbono (CO_2) en materiales biológicos. Es el caso de las bacterias encontradas en las fuentes hidrotermales submarinas, situadas en los fondos oceánicos, a miles de metros de profundidad, allí donde no llega la luz del Sol.

Estos microorganismos se desarrollan gracias a procesos de quimiosíntesis en los cuales la energía necesaria está provista no por los fotones * (partículas sin masa que componen la luz), sino por constituyentes inorgánicos presentes en el medio ambiente (aquí, en este caso, el ácido sulfhídrico). Es también el caso de las bacterias de la gruta de las mesetas de la Dobruja, en Rumania: un mundo subterráneo que ha permanecido aislado del mundo de la superficie durante más de tres millones de años y que ha sido descubierto en 1986, como consecuencia de una perforación. Allí, toda una fauna y toda una flora viven en perfecta simbiosis, en presencia de una atmósfera pobre en oxígeno y muy diferente de la que nos rodea. Otros microorganismos necesitan no ya el dióxido de carbono sino el metano y realizan mecanismos de síntesis muy diferentes.

La diversidad aparece también en la variedad de

los medios ambientes elegidos por los seres vivos. Las bacterias termófilas, como su nombre indica, se desarrollan en nichos muy cálidos, cuya temperatura puede alcanzar los 100 °C. Algunas tienen especial inclinación por los medios muy ácidos. ¡Se conocen microorganismos capaces de sobrevivir en soluciones de ácido sulfúrico! Otras prefieren medios muy básicos, o de salinidad muy elevada. Esta variedad no es exclusiva del mundo vivo de los seres infinitamente pequeños. A escala macroscópica se conocen seres vivos que prefieren el calor al frío, como por ejemplo ciertos insectos (los escorpiones constituyen un buen ejemplo), mientras que para otros es lo opuesto. El pez de los hielos que, como su nombre indica, vive en las aguas de las regiones frías, posee un metabolismo capaz de sintetizar un líquido anticongelante que le impide congelarse a — 10 °C.

De hecho, no hay por cierto ni un solo lugar en la superficie de nuestro planeta en el que la vida no haya logrado implantarse, desarrollarse, adaptarse. Y es la misma multiplicidad de los medios terrestres lo que constituye una de sus causas —*via* los mecanismos de la evolución biológica— de la gigantesca variedad actual del mundo vivo en nuestro planeta.

Una unidad estructural

La invención del microscopio, en 1674, por el sabio holandés Antonie van Leeuwenhoek (1632-1723) ha permitido no sólo descubrir el mundo vivo de lo infinitamente pequeño, sino también ver que todos los seres vivos están constituidos por células. Sin núcleo en los seres procariontes *, con núcleo en los seres eucariontes *, la célula es en sí misma variable, por su estructura y su tamaño: algunos micrómetros en el ser unicelular, de uno a algunas de decenas de micrómetros para las células de tejidos de los seres pluricelulares, hasta algunas decenas de centímetros para las células nerviosas de los mamíferos. Respecto de su cantidad, varía de una en los organismos más simples, bacterias y otros microorganismos monocelulares hasta más de 10 billones en el cuerpo humano. No obstante, a pesar de estas diferencias, la célula, unidad básica de la vida a nivel microscópico, está construida *grosso modo* según un modelo único. Una doble membrana, formada por moléculas * específicas (los lípidos) rodea, aísla y protege el material genético (ya esté disperso en la célula o reunido en su núcleo) y a toda la maquinaria de esta verdadera fábrica biológica. Es allí donde se fabrican las grandes moléculas de la vida: las macromoléculas * fundamentales del ser vivo terrestre.

Es precisamente a nivel molecular donde se sitúa la profunda unidad del mundo vivo. Si se observa la estructura química de las células, nos quedamos sorprendidos por su universalidad. Todas las células están en efecto construidas a partir de los mismos constituyentes moleculares fundamentales: las proteínas * y los ácidos nucleicos *. Estas macromoléculas, con papeles complementarios, están presentes en todos los sistemas vivos y utilizan, salvo algunas excepciones, los mismos componentes básicos: aminoácidos * para las proteínas, nucleótidos * para los ácidos nucleicos, recurriendo a una química basada principalmente en el elemento carbono, C (es lo que se llama hoy en día la química orgánica).

Sin embargo, en el Universo gigantesco de los seres vivos terrestres, el número de componentes básicos diferentes que sirven para construir estas macromeléculas es reducido. Entre los miles —e incluso millones— de posibilidades se utilizan sólo veinte aminoácidos diferentes para construir el conjunto de las proteínas y cinco nucleótidos diferentes para el total de los ácidos nucleicos (cuatro para los ácidos desoxirribonucleicos *, ADN, y cuatro —de los cuales tres son comunes a los del ADN— para los ácidos ribonucleicos *, ARN). Tanto los aminoácidos proteicos como los nucleótidos se encuentran repetidos una gran cantidad de veces en cada una de las macromoléculas que ellos constituyen, al igual que las letras del abecedario en la palabra. Es el encadenamiento —la secuencia— de estos componentes básicos en la macromolécula lo que da sentido a esta última, permitiendo el almacenamiento de la información biológica, específica de cada sistema vivo, y su transmisión, en toda su compeljidad, de manera análoga al encadenamiento de las letras que da sentido a la palabra.

Diecinueve de los veinte aminoácidos y cada uno de los cinco nucleótidos tienen una propiedad en común: la de la quiralidad *; debido a la presencia de un centro de asimetría en su estructura (a causa de las propiedades del carbono), estas moléculas no se pueden superponer a su imagen en un espejo. Ello significa que, en una estructura química determinada, reunión bien definida de átomos situados a distancias fijas unos respecto de otros, existen dos configuraciones posibles, dos moléculas que tienen las mismas propiedades químicas y las mismas propiedades físicas, excepto en un caso. Una de esta moléculas es «dextrógira» (hace girar el plano de polarización de la luz llamada polarizada hacia la derecha), en tanto que la otra es «levógira» (tienen el mismo efecto, pero hacia la izquierda). A causa de esta propiedad se las llama antípodas ópticas o enantiómeras *. Como tienen una misma fórmula química se utiliza, para diferenciarlas, una nomenclatura convencional que tiene en cuenta su estructura (a una se la llama L, a la otra D, en relación —muy indirecta de todas formas— con los adjetivos «levógiro» y «dextrógiro»).

Los diecinueve aminoácidos de proteína que tienen esta propiedad (a los que se llama «quirales») son todos de configuración L. La intervención de moléculas «ópticamente puras», es decir, que utilizan solamente uno de los dos enantiómeros, parece ser en efecto una espeficidad de los seres vivos. Se comprende fácilmente al contemplar la magnífica estructura en hélice del ADN, célebre descubrimiento de Francis H. C. Crick y de James D. Watson que les valió el Premio Nobel de Medicina y de Fisiología en 1962. Una mezcla de nucleótidos D y L en la macromolécula de ácido nucleico generaría discontinuidades, incompatibles con esa estructura regular. Fuera del mundo vivo, los dos enantiómeros que corresponden a un compuesto de estructura quiral están por lo general presentes en cantidad equivalente (50 por 100 de D y 50 por 100 de L): es lo que se llama una mezcla racémica *.

Una unidad funcional

La unidad del mundo vivo a escala molecular reside no sólo en sus estructuras sino también en sus funciones. Todos los sistemas vivos terrestres están constituidos por proteínas. Las proteínas de estructura * aseguran la coherencia y el mantenimiento de todo el edificio biológico, principalmente a nivel celular. Las proteínas-enzimas * son los catalizados específicos de los procesos bioquímicos. Son como el aceite en los engranajes de la maquinaria biológica y aceleran, selectivamente y en el momento oportuno, cada uno de los millares de reacciones indispensables para la supervivencia y para la reproducción de los seres vivos. Todas estas reacciones se desarrollan en el agua líquida que está presente en todos los sistemas vivos y que es a menudo su constituyente más abundante.

Los grandes mecanismos bioquímicos, fundamentalmente los que dirigen el almacenamiento y la transmisión de la información, son los mismos en todos los seres vivos. El ADN, verdadero soporte universal de la herencia, contiene la información genética que da a cada ser su identidad y su espeficidad, pero que asegura también que la célula hija se parezca a la célula madre. La duplicación se efectúa por desdoblamineto de la macromolécula de ADN y, por tanto, de su mensaje genético que resulta entonces duplicado en el encadenamiento de los nucleótidos de la cadena complementaria. El ARN transcribe esta información y la transporta hasta los ribosomas *, fábrica central de la célula. La información, siempre contenida en las secuencias de los nucleótidos (pero esta vez de ARN) es traducida y permite la construcción de las otras macromoléculas necesarias para la estructura y para los mecanismos de la fábrica biológica.

Los procesos de transcripción, que ponen en correspondencia una cadena de nucleótidos en un ácido nucleico con una cadena determinada de aminoácidos en una proteína, utilizan una codificación de tres «letras». Este código —llamado «genético»— asocia un conjunto de tres nucleótidos tomados en un orden bien preciso (a este conjunto se lo llama un «codon») con uno y sólo uno de los veinte aminoácidos de proteína. De este modo, un ácido nucleico puede ser considerado como una «palabra» formada por «letras» (los nucleótidos) o por sílabas (los codones). La «palabra» ácido nucleico puede traducirse literalmente por la «palabra» proteína, reemplazando cada sílaba-codon por el ácido aminado que está asociado a él. Hemos visto que sólo cuatro nucleótidos diferentes constituyen un ácido nucleico. Llamémoslos A, G, C y U. Con estas cuatro «letras» se pueden formar sesenta y cuatro palabras de tres letras diferentes. Un ácido nucleico puede incluir entonces hasta sesenta y cuatro codones diferentes. Es más de lo que se necesita para codificar los aminoácidos y, en efecto, dieciocho de los veinte están representados por más de un codon. Por ejemplo, el más simple, la glicina, está representada por los cuatro codones: GGA, GGC, GGG y GGU. Como los «alfabetos» (nucleótidos y aminoácidos) que pone en juego, el código genético es universal: es casi el mismo para la totalidad de los seres vivos en la Tierra.

De este modo, a pesar de su complejidad y de su diversidad, el ser vivo terrestre presenta una gran unidad. Esta unidad se basa en una química particular: la química del elemento carbono, en un disolvente particular: el agua líquida. Esta unidad sugiere de manera acentuada un ancestro común, que utiliza los mismos ingredientes. ¿Cuál era? ¿Dónde y cómo apareció? He aquí las preguntas a las que los estudios sobre el origen de la vida intentan dar respuesta.

El origen de la vida terrestre

La generación espontánea y el vitalismo

Durante milenios, sabios y filósofos creyeron que la vida podía nacer no sólo de una vida ya existente sino también de la materia inerte. Desde la antigüedad hasta el Renacimiento se cree que la vida es una propiedad intrínseca de la materia y que, en cuanto se reúnen las condiciones propicias, puede aparecer espontáneamente tanto a partir de sistemas vivos de la misma especie o de especies diferentes como de materiales no vivos. Esta teoría de la generación espontánea supone que el mundo es sólo uno: el animal puede ser engendrado por el vegetal y tanto uno como otro pueden surgir espontáneamente del barro. Entonces, el problema del origen de la vida no se plantea. El origen del mundo es explicado por las Santas Escrituras y para quienes dudan de la descripción de la creación que allí se ofrece, el dogma de la generación espontánea completa la historia.

A partir del Renacimiento, con la aparición y el desarrollo de lo que se convertirá en el enfoque científico experimental crítico, la idea de generación espontánea, al menos aplicada al mundo macroscópico, desaparece progresivamente. En efecto, experiencias como las que efectuó el médico toscano

Francesco Redi (1626-1697) demuestran claramente que la vida que parece nacer en los medios obtenidos a partir de materia viva en descomposición no proviene sino de una contaminación de ese medio por otros sistemas vivos. ¡Las larvas de las moscas no se crean espontáneamente a partir de la carne putrificada, sino que son transportadas por las moscas!

La invención del microscopio en el siglo XVII hará posible el descubrimiento de un mundo hasta entonces insospechado —el mundo vivo de lo infinitamente pequeño—. A su vez vuelve a plantear el problema de la generación espontánea desplazándolo y limitándolo poco a poco a la escala microscópica. La teoría estará de este modo bien afirmada y ardientemente defendida —ya que los ataques se multiplican— hasta mediados del siglo XIX.

Paralelamente a la evolución de esta idea, y de manera paradójica casi en la misma época, se siguió haciendo una distinción fundamental entre la materia proveniente de los organismos vivos y la del mundo mineral y entre sus químicas. Se pensaba que la primera incluía una fuerza misteriosa, la «fuerza vital», ausente en los compuestos provenientes del mundo mineral. Así fueron introducidas las denominaciones de «química orgánica» —química de los compuestos de lo viviente— y de «química mineral». Parecía entonces imposible fabricar en laboratorio compuestos «orgánicos» a partir de compuestos minerales.

La primera síntesis orgánica a partir de sustancias inorgánicas —la síntesis de la urea realizada por el químico alemán Friedrich Wöhler (1800-1882)— demostró la falsedad de esta hipótesis y la ausencia de fuerza vital. Fue realizada en 1828. Desde entonces, los químicos orgánicos saben fabricar millones de compuestos orgánicos, incluidas las moléculas que no intervienen en los sistemas vivos. La química orgánica se transformó en la química de las moléculas carbonadas.

La evolución biológica

Unos treinta años más tarde, el geólogo y biólogo Charles Darwin (1809-1882) publicaba *Del origen de las especies a través de la selección natural, o la Lucha por la existencia en la naturaleza.* El concepto de evolución biológica podrá finalmente revolucionar el campo de las ciencias de la vida, introduciendo un parámetro hasta entonces no considerado: el tiempo. Esta teoría permite comprender el origen de la extraordinaria diversidad de las especies que viven actualmente en la Tierra. Permite también simplificar el problema del origen de la vida. El universo actual de los seres vivos puede explicarse por una larga evolución biológica a partir de un sistema vivo primordial extremadamente simple —un microorganismo primitivo—. A partir de 1859, año en que apareció la primera edición de la obra de Darwin, comprender el origen de la vida en la Tierra implica, pues, explicar el origen de ese primer microorganismo.

Tres años más tarde, Louis Pasteur (1822-1895) gana el premio que la Academia de Ciencias había propuesto para la primera demostración experimental capaz de eliminar definitivamente la duda acerca de la cuestión de la generación espontánea. Su experiencia, por ello más célebre, es relativamente simple y muy ingeniosa. Utilizando técnicas de esterilización que había él mismo configurado, Pasteur logró demostrar que la aparición repentina de bacterias en un medio esterilizado se debe a una contaminación de ese medio por parte de microorganismos del aire ambiente y no a una pretendida generación espontánea. La cuestión del origen de la vida, aun cuando está actualmente simplificada, permanece intacta. Ya no disponemos siquiera de la hipótesis de la generación espontánea para explicar el surgimiento del ser microscópico ancestral.

La panespermia

A fines del siglo XIX e inicios del XX, los sabios empiezan a mirar el cielo para comprender nuestro propio planeta y los misterios de la vida. Es en esa época cuando se afirma el origen extraterrestre de los meteoritos *, ya que durante mucho tiempo se había dudado de ello. De allí a pensar que las piedras caídas del cielo pueden encerrar sistemas vivos microscópicos hay sólo un paso, felizmente franqueado por la mayoría de los científicos de entonces. Se estudian los meteoritos bajo microscopio, intentando buscar eventuales gérmenes extraterrestres. El mismo Pasteur se vuelca en estas investigaciones. Pero serán en vano.

La idea es, sin embargo, atractiva, tanto más cuanto que se acaba de descubrir la naturaleza corpuscular de la luz y la existencia de la presión luminosa. Gracias a esta propiedad, la luz de las estrellas es capaz de propulsar micropartículas —incluso esporas— en el espacio y permitir así el desplazamiento interplanetario o incluso interestelar de microorganismos. Esta idea será ampliamente desarrollada por científicos de renombre, con el químico sueco, premio Nobel, Svante Arrhenius (1859-1927) a la cabeza. Para él la vida se transporta en el espacio bajo la forma de esporas, organismos vivos microscópicos capaces de dar nacimiento a nuevos microorganismos, después de la diseminación. Estas esporas viajarían por el espacio interestelar, empujadas por la presión luminosa de las estrellas.

Esta teoría de la «panespermia», publicada en 1906, supone que la Tierra habría sido sembrada de microorganismos extraterrestres, ancestros del ser vivo terrestre. Pero no proporciona ninguna precisión sobre los orígenes de este sistema vivo, con lo que no hace sino postergar esta pregunta fundamental. Los sabios de principios del siglo XX suponen de hecho que esta vida es eterna; para ellos el problema de su origen se confunde, pues, con el del origen del Universo.

La evolución química *

En 1924, el bioquímico soviético Aleksandr Oparin (1894-1980) publica una pequeña obra titulada *Proischogdenie zhizni* (*El origen de la vida*). Presenta en ella una nueva teoría que permite explicar el origen de la vida. La idea de Oparin es de hecho muy simple: extender al campo de la química el concepto de evolución. La vida sería la culminación de una larga evolución química que habría precedido a la evolución biológica. Para Oparin, el medio primitivo terrestre debía ser muy diferente del actual. En particular la atmósfera, desprovista de oxígeno, encerraba una porción importante de metano y de otras moléculas orgánicas simples. La evolución de estos compuestos en la atmósfera o en la superficie del planeta, en los océanos primitivos, habría permitido la formación de compuestos de interés biológico: monómeros * (aminoácidos en particular) o polímeros * (tales como macromoléculas semejantes a las proteínas).

Estos sistemas químicos complejos habrían formado simultáneamente estructuras coloidales, verdaderas células primitivas, que separaban a las macromoléculas biológicas del medio exterior. Estos sistemas orgánicos (es decir, carbonados, pero no vivos aún, ya que no poseían todas las propiedades necesarias) y complejos habrían continuado evolucionando, progresivamente, perfeccionando su organización interna. En forma simultánea, habrían extraído del medio su alimento orgánico, sometiéndose a las leyes de la evolución y de la selección química natural.

Algunos años más tarde, sin tener conocimiento del libro de Oparin, el biólogo inglés John Burton Haldane (1892-1964) publica un artículo en el que presenta ideas análogas. Sugiere que la formación de compuestos orgánicos en la Tierra primitiva debió ocurrir antes de la aparición de los primeros seres vivos y que esos materiales pudieron precisamente, por mecanismos evolutivos, conducir a la vida. La pequeña obra de Oparin tuvo una difusión muy limitada debido a que su edición se realizó sólo en ruso.

El sabio soviético retomó sus ideas, desarrollándolas, en una segunda obra que apareció en la Unión Soviética en 1936. Al haber sido traducida al inglés en 1938 tuvo una difusión mucho más amplia.

Para Oparin, los primeros sistemas vivos se habrían formado espontáneamente en el medio ambiente terrestre primitivo, gracias a una sucesión de procesos químicos y físico-químicos, procesos llamados prebióticos *, de complejidad creciente. Todo se habría iniciado en la atmósfera primordial del planeta Tierra, a partir de los ingredientes inorgánicos allí presentes y habría continuado en los océanos, con la aparición de los primeros sistemas capaces de duplicarse de manera autónoma. Estos microorganismos primitivos habrían utilizado para desarrollarse la materia orgánica formada de manera prebiótica. Así, para Oparin, la primera célula o protocélula habría sido heterótrofa.

Cualquier teoría es ampliamente cuestionable y considerablemente frágil en la medida en que no esté reafirmada por la observación y la experimentación. La observación, al menos en la Tierra, de una evolución química natural que comprenda al conjunto de los procesos que conducen de la materia no orgánica a un sistema autorreproductivo es altamente improbable. El medio ambiente de nuestro planeta ha cambiado de manera considerable desde que apareció la vida, y precisamente en razón misma de esta aparición. En las condiciones actuales, se excluye totalmente el hecho de que la materia carbonada se organice espontáneamente por mecanismos prebióticos: la presencia de sistemas vivos y de oxígeno, ávidos de materias orgánicas, lo impide.

Por el contrario, podemos intentar reproducir en laboratorio, en condiciones perfectamente estériles y sin oxígeno, algunas de las etapas de la evolución química. Esta modelización experimental requiere, sin embargo, técnicas elaboradas con las que sólo se cuenta a partir de los años 50.

No es una coincidencia el hecho de que la primera experiencia fructífera en el ámbito de la química prebiótica date precisamente de ese período. Stanley Miller, por entonces joven estudiante que preparaba su tesis en el laboratorio del premio Nobel de Química Harold Urey (1893-1981), en la Universidad de Chicago, tuvo la idea de simular experimentalmente las primeras etapas de la teoría de Oparin. Somete a una descarga eléctrica una mezcla gaseosa de hidrógeno, de metano, de amoníaco y de vapor de agua, en presencia de agua en estado líquido, durante una semana aproximadamente. Esta mezcla gaseosa era entonces un modelo plausible de lo que podía ser la atmósfera terrestre primitiva. En lo que se refiere a la duración de la irradiación, no refleja en absoluto una idea creacionista del autor: el lapso de seis a siete días era el tiempo necesario para transformar la mayor parte del metano en materiales orgánicos complejos.

Al finalizar la irradiación, Miller detecta numerosos compuestos orgánicos. Comprueba particularmente la presencia de aminoácidos en la solución. Demuestra así que la evolución de un sistema químico muy simple, sometido a un flujo de energía, puede llevar a la formación de compuestos de interés biológico, incluso a la de los componentes básicos de lo viviente. Stanley Miller inaugura un nuevo campo científico: la química prebiótica experimental.

Luego se efectuaron cientos de experiencias análogas a la de Miller, con ayuda de mezclas gaseosas y de fuentes de energía variadas. Se pudieron confirmar de esta forma los primeros resultados y demostrar la formación, en estas condiciones «prebióticas», de la casi totalidad de los aminoácidos de proteínas (diecisiete sobre veinte), y bases púricas * y pirimídicas *. Se pudo también determinar la influencia de la composición de la fase gaseosa inicial en estas síntesis. La mejor atmósfera prebiótica es una mezcla de metano, de nitrógeno y de vapor de agua, pobre en hidrógeno. La peor es una atmósfera oxidada en la que el carbono existe bajo la forma de dióxido de carbono.

Estos estudios muestran que la evolución de la atmósfera, cuando su composición es favorable, conduce a productos gaseosos simples —monómeros orgánicos como el ácido cianhídrico, HCN, el formaldehído HCHO o el cianoacetileno HC_3N— y a productos sólidos de estructura compleja, formados a partir de estos monómeros. Son las reacciones de estos dos tipos de productos que, en presencia de agua, conducen a los compuestos de interés biológico.

Ha nacido la química prebiótica

A pesar de la relativa simplicidad de los monómeros, se disponía de pocos datos experimentales acerca de su comportamiento en solución acuosa. Era, por tanto, indispensable desarrollar estudios específicos sobre esta química. Es lo que empezaron a hacer numerosos laboratorios en todo el mundo, a partir de finales de los años 50. Los estudios de química orgánica en solución acuosa continúan hasta la actualidad. Los mejores resultados obtenidos demuestran, en líneas generales, que efectivamente se puede obtener la mayoría de los componentes básicos de lo vivo a partir de un número relativamente limitado de compuestos orgánicos simples y reactivos o de sus polímeros.

La química del ácido cianhídrico (HCN) en el agua conduce fácilmente a los aminoácidos y a las bases nitrogenadas (púricas y pirimídicas); la del cianoacetileno (HC_3N) proveee una fuente complementaria de las bases pirimídicas, finalmente la química del formaldehído (HCHO) es una fuente de azúcares biológicos. Esta es, sin embargo, muy limitada: la síntesis prebiótica de los azúcares que intervienen en la estructura de los nucleótidos (ribosa y desoxirribosa) forma parte de los problemas más importantes de la investigación experimental sobre los orígenes de la vida.

El pasaje de los monómeros a los polímeros de interés biológico, al menos en el caso de los ácidos nucleicos, es también extremadamente delicado. Los procesos de réplica, de reproducción de una cadena de ácido nucleico (en una solución que contiene los monómeros necesarios), en la ausencia de enzima *, han sido modelizados experimentalmente de manera destacada por el equipo de Leslie Orgel, en el Salk Institute, en California. Pero ese modelo necesita utilizar un polinucleótido * —cadena de ácido nucleico— preformado. Ahora bien, la síntesis de fragmentos de nucleótidos del medio primitivo terrestre no se ha realizado aún en condiciones plausibles. Y la de sus monómeros, los nucleótidos, que necesita unir químicamente las tres moléculas diferentes que los constituyen —azúcar, fosfato y base nitrogenada— (véanse anexos pág. 113) no ha logrado ser efectivamente demostrada. La pregunta acerca de la aparición de los ácidos nucleicos es, pues, una de las preguntas más importantes.

Por el contrario, la síntesis prebiótica de trozos de proteínas (polipéptidos *) o de sus análogos es fácil de obtener a partir de aminoácidos o de sus derivados. En los años 60 en Estados Unidos, Sidney Fox obtiene, a través del calentamiento de aminoácidos en fase sólida, estructuras análogas a las proteínas, aunque mucho menos ordenadas ya que produjo la racemización (transformación de un compuesto inicialmente bajo una sola configuración —D o L— en una mezcla equimolecular de las dos antípodas ópticas) de los aminoácidos iniciales. Los llama «proteinoides». Más recientemente André Brack, en Francia, logró obtener polipéptidos por reacción, en el agua, de derivados de los aminoácidos, conservando en los polímeros la quiralidad de los monómeros de partida.

Es también fácil fabricar en laboratorio microestructuras que posean una membrana perfectamente definida. Modelos de células, pero no vivas, ya que al no poseer el material genético que permite su duplicación, son capaces de aislar del mundo exterior las moléculas orgánicas que participan en la evolución química. Los coacervatos de Oparin (aunque obtenidos con materiales biológicos) o, sobre todo, las microesferas de Fox, formadas a partir de sus proteinoides, son ejemplos concluyentes de la formación prebiótica de esas microestructuras.

No hemos logrado aún fabricar una célula viva en laboratorio partiendo de materiales inorgánicos. Incluso estamos muy lejos de ello: las dificultades son múltiples, principalmente en el campo de los nucleótidos y de sus polímeros. De todas maneras, el conjunto de los resultados experimentales que se han logrado es muy alentador. Sabemos en efecto fabricar, en condiciones prebióticas plausibles, la mayoría de los monómeros biológicos y varios de sus polímeros. Hemos determinado las limitaciones principales (en particular, en términos de composición atmosférica, de presión y de temperatura) planteadas por estas síntesis en el medio planetario en el seno del cual son susceptibles de desarrollarse. Estos modelos reducidos que los químicos de lo prebiótico intentan reconstituir en su laboratorio desde hace casi cincuenta años ponen en evidencia la importancia de dos ingredientes fundamentales en las diferentes etapas de la evolución química: la materia carbonada y el agua en estado líquido.

Las ciencias de un planeta llamado Tierra

Las limitaciones del medio primitivo

Las experiencias de laboratorio demuestran de manera manifiesta que a partir de un número limitado de compuestos orgánicos la química prebiótica puede conducir a la mayoría de los componentes básicos moleculares de lo vivo. De cualquier modo es necesario que las condiciones utilizadas para plasmar estas reacciones sean compatibles con las que reinaban en la Tierra primitiva. Ahora bien, no disponemos de ninguna información directa sobre este medio. Las rocas más antiguas que se conocen, descubiertas en Isua *, Groenlandia, datan de hace 3.800 millones de años. Son ricas en carbonato, signo de que la atmósfera contenía ya dióxido de carbono.

Para el geoquímico alemán Manfred Schidlowski, el análisis isotópico de estos carbonatos ($^{13}C/^{12}C$) sugiere la existencia, en aquella época, de una fotosíntesis biológica y, por tanto, la presencia de sistemas vivos autótrofos. En efecto, la transformación del dióxido de carbono en materiales biológicos durante los mecanismos de fotosínteis conduce a un enriquecimiento en ^{13}C del CO_2 atmosférico, por ello de los carbonatos, lo cual sería compatible con los valores

Los más antiguos rastros de vida: los estromatolitos
Los estromatolitos contemporáneos, como por ejemplo los observados en las costas australianas, se presentan como grandes hongos minerales. De hecho, estas estructuras se sitúan a mitad de camino entre el mundo mineral y el biológico: son fruto de la interacción de microbios, las cianobacterias, con su medio. Presentan una estructura laminar característica que incluye los restos fosilizados de los microorganismos que los crearon.
Foto © Rick Smoian.

($^{13}C/^{12}C$) observados. Hay que destacar, sin embargo, que esta interpretación dista de contar con el acuerdo unánime de sus colegas, ya que no es la única posible. En contrapartida, no hay discución respecto de las primeras huellas fósiles: son estromatolitos que datan de 3.500 millones de años, descubiertos en el noroeste de Australia. El equipo del paleontólogo estadounidense William Schopf los ha analizado en detalle y ha descubierto en ellos la presencia de fósiles de microorganismos muy complejos y muy diversificados. La evolución biológica había desarrollado desde esa época una gran actividad, lo que confirma la idea de que la vida debía existir ya en el tiempo de Isua, trescientos millones de años antes.

Del otro lado de la escala del tiempo, el análisis isotópico de las rocas terrestres, de los meteoritos y de las muestras lunares indica que el Sistema Solar y sus planetas se formaron hace 4.550 millones de años. No tenemos huella alguna, en la Tierra, del período prebiótico siguiente; nuestro enfoque sólo puede ser aproximativo; está, sin embargo, apoyado en los ejemplos muy presentes que nos ofrecen los otros planetas, sumamente variados, del Sistema Solar. La planetología comparada permite en efecto encontrar copias de las piezas faltantes y reconstruir la historia borrada del medio ambiente terrestre. Después de la formación de la Tierra, su atmósfera se construyó progresivamente por desgasificación* de las rocas llenas de compuestos vaporizables y por los aportes de materiales gaseosos que provenían de los frecuentes bombardeos extraterrestres inducidos por los cometas y los meteoritos. Los impactos cometarios en particular debieron ser muy numerosos durante los primeros cientos de millones de años de la historia de nuestro planeta. Simultáneamente, la Tierra se enfrió y el agua de la atmósfera se condensó. Se estableció entonces un largo período de diluvio, lo que llevó a la formación de grandes extensiones de agua, de los lagos y de los océanos primitivos. En estas condiciones, bajo un bombardeo continuo, se inició la evolución química que llevó, a través de sutiles mecanismos prebióticos, a los primeros sistemas capaces de duplicarse por sí mismos.

Una cuestión de tiempo

Para aparecer la vida necesitó contar con una Tierra estabilizada, que no sufriera ya los constantes bombardeos violentos y destructores de los cometas y de los meteoritos. Esta limitación obliga a suponer que la evolución química terrestre debió esperar casi quinientos millones de años antes de establecerse en toda su complejidad. Habría tardado varias decenas, incluso hasta doscientos millones de años para llegar a la vida. ¡Un período larguísimo! ¿Era acaso suficiente? No es posible, honestamente, responder a esta pregunta. Los químicos de lo prebiótico no lograron jamás reproducir en laboratorio la totalidad de los procesos que llevaron a la vida. Las últimas etapas, las más complejas, las que constituyen el pasaje de lo inerte a lo vivo, no pudieron ser jamás simuladas experimentalmente en condiciones prebióticas realmente plausibles. Es poco probable que puedan serlo si se tiene en cuenta precisamente el factor tiempo. Este factor limita considerablemente la duración de la experimentación humana: ¿qué representan las pocas décadas de vida de un investigador frente a los millones de años de la historia prebiótica terrestre?

¿Qué vida?

¿Cuáles fueron los primeros sistemas vivos? ¿Acaso las bacterias primitivas, análogas a las cianobacterias constructoras de los estromatolitos, resistentes a las temperaturas de un planeta aún muy caliente? Es bastante improbable: un ser unicelular es ya muy complicado, demasiado complicado para aparecer directamente, sin etapas intermedias. ¿Dónde situar entonces, entre estas etapas, el límite —más bien un límite— entre lo vivo y lo no vivo?

Para muchos, la etapa decisiva corresponde a la aparición de una macromolécula capaz de duplicarse. Pero ¿cuál? En la célula contemporánea es el ácido nucleico el que cumple ese papel y es él también el que contiene la información indispensable para la síntesis de las proteínas. Ahora bien, la síntesis de los ácidos nucleicos necesita de proteínas-enzimas para acelerar y guiar selectivamente las reacciones bioquímicas necesarias. De allí el dilema clásico del huevo o la gallina.

Pero desde principios de los años 80 los bioquímicos estadounidenses Thomas Cech y Sidney Altman, de manera complementaria, han demostrado que el ácido ribonucleico (ARN) puede también ser un catalizador de varias de las reacciones en las que interviene (obtuvieron el Premio Nobel de Química en 1989 por este descubrimiento). Se abrieron entonces las puertas de un mundo nuevo: el «mundo ARN», un mundo sin proteína-enzima, en el cual el ARN desempeña un doble papel de molécula informativa y de molécula catalítica.

¿La primera macromolécula viva fue acaso una cadena de ARN? No es demasiado probable: esas moléculas son delicadas y frágiles y, sobre todo, muy difíciles de obtener a través de caminos prebióticos, contrariamente a las proteínas. Por otro lado, las proteínas no son moléculas duplicativas. La respuesta esté quizá en una estructura intermedia, en moléculas análogas a los ácidos nucleicos actuales, pero que utilizarían nucleótidos más simples (por ejemplo, con un azúcar más simple que la ribosa o la desoxirribosa). Se llevan a cabo actualmente estudios experimentales en este sentido, en particular a cargo del equipo del químico suizo Albert Eschenmoser.

Los resultados obtenidos hasta ahora son, sin embargo, decepcionantes. Quizá haya que orientar más las investigaciones hacia las proteínas primitivas, intentando descubrir los procesos autorreplicativos —desconocidos actualmente— a partir de esos compuestos. A no ser que los primeros sistemas vivos hayan sido aún más simples que esas macromoléculas orgánicas. Para el químico anglosajón Graham Cairns-Smith, la vida terrestre se habría iniciado por una «vida cristalina», fundada en los materiales inorgánicos. Los primeros sistemas vivos, gérmenes cristalinos capaces de duplicarse y de evolucionar, habrían sido luego progresivamente reemplazados por los sistemas orgánicos. Es una idea interesante pero que carece de todo apoyo experimental convincente.

Desde principios de los años 90 se abren nuevas pistas. La del químico alemán Günther Wächtershäuser es muy atractiva. Wächtershäuser supone que los primeros sistemas replicativos eran granos de pirita, un sulfuro de hierro, envueltos en materiales orgánicos. Estos minerales de azufre, muy abundantes en la Tierra, presentan una superficie cargada positivamente que facilita la agregación de materiales orgánicos. En presencia de hidrógeno sulfurado y de pirita, el dióxido de carbono de la atmósfera habría podido transformarse en largas cadenas carbonadas, capaces de ensancharse y de duplicarse. Esta hipótesis es muy seductora, ya que reúne finalmente las ideas de Cairns-Smith, haciendo intervenir la química inorgánica, con las más clásicas de la evolución química, que implican a la química orgánica. De todos modos, este compromiso supone que los primeros sistemas vivos capaces de reducir CO_2 eran autótrofos. En este caso, también se carece de soporte experimental.

¿Atmósfera, océano o... espacio?

En el escenario de la evolución química, las etapas no se limitan a sus etapas últimas. ¿Cuál es el origen real de los ingredientes orgánicos que están en la base de la química prebiótica? ¿Es acaso plausible la hipótesis de un origen atmosférico? No tenemos ninguna información directa sobre la atmósfera primitiva terrestre, ni ninguna certidumbre sobre su composición química. De todos modos, podemos deducir esta última de consideraciones astrofísicas y geoquímicas. La atmósfera primitiva no contenía casi oxígeno molecular. Este compuesto, que constituye más del 20 por 100 de la atmósfera actual, proviene de la vida, precisamente de la fotosíntesis biológica. La atmósfera debía ser igualmente pobre en hidrógeno, puesto que la gravedad terrestre no era lo suficientemente fuerte y la temperatura de la alta atmósfera era demasiado elevada como para retener este elemento químico. Debía ser también pobre en amoníaco, demasiado fácilmente disociable por los rayos ultravioleta solares, no filtrada por el ozono que nos protege hoy en día.

La mezcla gaseosa elegida por Stanley Miller (véase pág. 38) para su primera experiencia no era, pues, un modelo plausible. Ahora bien, tampoco es claro que una mezcla de metano, de nitrógeno y de vapor de agua —la composición más favorable para las síntesis prebióticas— lo sea. En efecto, la presencia de una fracción importante de metano en la atmósfera primitiva terrestre es actualmente puesta en duda por numerosos geoquímicos. Sus argumentos se fundan en varias observaciones y en una argumentación difícilmente eludible. En primer término, durante los procesos de acreción* que llevaron a la formación del planeta, la forma molecular más estable bajo la cual se habría encontrado el elemento químico carbono habría sido el dióxido de carbono (CO_2) y no el metano (CH_4).

Este argumento se ve afirmado por el hecho de que la atmósfera de Venus, uno de los «planetas hermanos» de la Tierra —por su dimensión y por su posición en el Sistema Solar— es muy rica en dióxido de carbono (contiene más de 96,5 por 100 de este gas, con una presión de superficie noventa y cinco veces superior a la presión en la superficie de nuestro planeta). La atmósfera de Marte, el otro planeta hermano, aunque más pequeño, contiene también más de 95 por 100 de dióxido de carbono. Finalmente, la atmósfera terrestre actual no encierra sino un porcentaje de algunos centésimos, pero si todo el CO_2 «entrampado» en los carbonatos terrestres se vaporizara, entonces sería ampliamente mayoritario en la atmósfera terrestre. La planetología comparada nos lleva, pues, a suponer que los tres planetas hermanos de lo que se llama el Sistema Solar Interior, Marte, la Tierra y Venus, tuvieron atmósferas primitivas análogas, ricas en dióxido de carbono.

Existe otro argumento que se basa en los modelos de evolución estelar. Los astrofísicos han determinado que el flujo luminoso del Sol debía ser un 30 por 100 más débil hace más o menos 4.000 millones de años que ahora. En tales condiciones, la temperatura media en la superficie de la Tierra habría sido mucho más baja de lo que es actualmente; el agua se habría debido congelar y la evolución del planeta no habría podido tener por resultado la Tierra actual; a menos que un componente de la atmósfera hubiera hecho posible un efecto invernadero para compensar esta disminución de energía. Ahora bien, el dióxido de carbono habría podido desempeñar ese papel, no así el metano. Pero si los geoquímicos tienen razón, si la atmósfera primitiva era rica en dióxido de carbono, entonces no pudo producir los ingredientes orgánicos de la química prebiótica.

Se perfilan entonces otras dos explicaciones. Una apela a los océanos. La exploración de los fondos submarinos ha permitido, hacia finales de los años 70, descubrir fuentes hidrotermales. En las chimeneas volcánicas de estas salidas de gases en el mar, que producen la energía necesaria para las bacterias que viven de la quimiosíntesis, parecen estar presentes todos los ingredientes para el inicio de una química prebiótica prometedora. El dióxido de carbono y el hidrógeno sulfurado provenientes de las entrañas del planeta, con minerales reductores, sulfuro de hierro en particular, y catalizadores, tales como la pirita, en presencia de agua en estado líquido a alta temperatura y bajo fuerte presión podrían conducir a compuestos de interés biológico. Es lo que muestran los modelos teóricos. Es también lo que sugieren las escasas simulaciones experimentales parciales realizadas hasta ahora para probar este concepto. Es seductor ya que al estar muy cerca del de Wächtershäuser se sitúa en un contexto geológico muy plausible. Pero requiere de una verdadera confirmación experimental.

La otra explicación apela al espacio. Supone que los ingredientes orgánicos de la cocina prebiótica pudieron ser traídos por los cometas, los meteoritos y las múltiples partículas extraterrestres que bombardean permanentemente nuestro planeta y debían ser aún más numerosos en la Tierra primitiva. Después de su importación, la materia orgánica de los condritos * carbonados y la de los núcleos cometarios habrían participado directamente en la evolución química terrestre, siempre que no hayan sido destruidos por pirólisis * durante la travesía por la atmósfera o, sobre todo, en el impacto con la superficie. Ahora bien, estudios teóricos recientes indican que una atmósfera de dióxido de carbono es una de las más eficaces para frenar los objetos que la atra-

---

¡Hay vida en la Tierra!
¿Es la Tierra el único planeta del Sistema Solar que conoció la aparición de lo viviente? El estudio sobre los orígenes de la vida terrestre es uno de los enfoques que se pueden seguir para responder a esta pregunta. Pero al invadir el planeta azul, la vida ha modificado profundamente su atmósfera y su superficie, borrando todas las huellas geológicas del período que precedió a la vida. La exploración espacial, gracias a la planetología comparada, es actualmente un instrumento precioso para intentar reconstituir el medio primitivo terrestre y comprender las condiciones que en él reinaban antes de la aparición de la vida, permitiendo investigar directamente los rastros de una eventual vida extraterrestre.
Foto © NASA/SPL/Cosmos.

viesan a alta velocidad, por tanto, para protegerlos de una pirólisis destructora. Es interesante destacar que lo es mucho más que una atmósfera de metano. Esta última explicación no es una nueva versión de la panespermia. No es la vida que proviene del espacio, sino que los que provienen del espacio son los ingredientes carbonados necesarios para la evolución química. Las etapas sucesivas, cocina prebiótica producida por el encuentro de esta materia carbonada con el agua líquida, son puramente terrestres.

No se puede dejar de lado completamente la intervención de la atmósfera en dichos procesos. Sea cual sea su composición, ha estado necesariamente implicada en la química prebiótica terrestre, aunque sólo fuera por las interacciones atmósfera-superficie. Los modelos de atmósfera primitiva, rica en dióxido de carbono, no son sino modelos que intentan reconstruir el medio primitivo teniendo en cuenta su evolución que debe conducir hasta el medio ambiente presente. No han sido abordadas todas las soluciones en esta modelización. En particular, no se ha considerado el papel de las nubes y de los polvos en el efecto invernadero que pudo influir mucho en la evolución térmica terrestre, así como tampoco la posibilidad de un manto terrestre químicamente más reductor de lo previsto. Estas condiciones podrían tender a aumentar el porcentaje de metano. Por otro lado, es claro hoy en día que muchos objetos extraterrestres son ricos en materiales orgánicos y que una parte de ellos pudo colaborar en la evolución química terrestre. Entonces, ¿dónde está la verdad? Quizá en una explicación que incluyera estas tres versiones, que debieron, a mi modo de ver, intervenir de manera complementaria.

La imaginación del hombre
ha poblado mundos que no conocía
con una vida cuyos misterios ignoraba.
Para poder estudiar la vida
en el Universo le era necesario
comprender la vida terrestre
y sus orígenes.

La aventura espacial no ha desvelado (aún)
el menor signo de vida extraterrestre
presente o incluso pasada, pero
en un enfoque realmente pluridisciplinario,
la exobiología ha demostrado
ya la universalidad de la química orgánica.

La exobiología: un campo pluridisciplinario

Hace sólo treinta años el exobiólogo Bernard Oliver escribía: «Hoy en día nadie confía seriamente en el hecho de que se encuentre una vida inteligente fuera de la Tierra en el Sistema Solar, aunque algunos piensen que deben existir formas de vida basadas en el amoníaco en Júpiter y que muy posiblemente hay una vegetación primitiva en Marte.» Ni *Voyager,* en lo referente a Júpiter, ni *Viking,* en el caso de Marte, han confirmado estas declaraciones.

Un planeta prebiótico: Titán
(página anterior).
Ni siquiera a (sólo) unos 400.000 km de Titán, la sonda Voyager 1 *ha podido observar la superficie del satélite más grande de Saturno. Sin embargo, ha confirmado la presencia de una atmósfera densa, rica en compuestos orgánicos complejos. Éstos se hallan presentes también en los aerosoles que están en el origen de las capas de brumas —aquí en azul—, cercanas al limbo —en amarillo— del planeta.* Foto © Nasa/SPL/Cosmos.

El espacio para aprender

La comprensión del conjunto de los parámetros que gobiernan los procesos de evolución química desde la materia inerte hacia sistemas vivos no se ha logrado aún. Sin embargo, no es descabellado pensar que esta química hipotética haya podido desarrollarse en otro lugar. De todas formas, para probar esta hipótesis es necesario tener acceso a materiales extraterrestres.

El mensaje de los meteoritos

Hasta 1969, los únicos objetos extraterrestres de que disponíamos eran los meteoritos. Estas piedras caídas del cielo, aún consideradas a principios de siglo XX como transportadores potenciales de eventuales microorganismos provenientes de otros mundos por parte de los adeptos de la panespermia, son entonces objeto de estudios más minuciosos. Se descubre la existencia de una enorme variedad de estos materiales. Algunos parecen piedras y son ricos en silicio, otros tienen un aspecto metálico, contienen importantes fracciones de hierro y son muy densos; otros también, más friables y mucho menos densos, son negruzcos y muy ricos en carbono. Se los llama condritos carbonados. Condritos porque incluyen cóndrulos, esférulas que les dan un aspecto granuloso; carbonados porque contienen hasta 5 por 100, a veces más, de carbono.

El primer análisis oficial de un meteorito fue realizado en 1834 por el químico Jöns Berzelius (el inventor de los símbolos químicos). A éste le siguen numerosos estudios de estos objetos provenientes de fuera: se busca en ellos la presencia de esporas, así como también de materia orgánica. En 1932, el biólogo C. B. Lipman publica una descripción detallada de sus investigaciones sobre microorganismos en los meteoritos. A pesar de la esterilización exterior y de múltiples precauciones a fin de evitar cualquier contaminación biológica de las muestras extraterrestres, Lipman observa en el micrococospio, después de haber sembrado un líquido nutritivo con un polvo obtenido por trituración de un fragmento de meteorito, bacterias vivas en forma de granos o de bastoncillos. Pero parecen tan idénticas a los microbios terrestres que la hipótesis de una contaminación parece muy probable. Treinta años más tarde, los biólogos y geoquímicos Claus y Nagy detectan en el meteorito de Orgueil estructuras microscópicas (de dimensiones del orden de la decena de micrómetros), perfectamente organizadas. Algunas se parecen extrañamente a organismos monocelulares fosilizados. Es en particular el caso de una estructura de geometría hexagonal que parece no tener ningún equivalente biológico terrestre. La llaman *Diadaphore Berzelii,* en homenaje a Berzelius. No será sino una falsa alarma: de hecho *Diadaphore Berzelii,* es absolutamente semejante a un grano de polen de *Ambrosia Elatior,* que es absolutamente terrestre.

En los meteoritos no ha sido encontrado ningún

Las piedras del cielo
El primer meteorito carbonado que fuera estudiado en detalle es el que cayó en 1864 en Orgueil, un pequeño pueblo del suroeste de Francia. Se recogieron numerosos fragmentos que conformaban un peso total de más de 10 kilos. Algunos se guardan todavía preciosamente en el Museo Nacional de Historia Natural de París. Al igual que los otros condritos carbonados, el meteorito de Orgueil encierra numerosos compuestos orgánicos, incluso aminoácidos, cuyo origen extraterrestre está sólidamente demostrado.
Foto © Museo Nacional de Historia Natural, París.

organismo viviente. Por el contrario, numerosos compuestos orgánicos, cuyo origen extraterrestre ha sido a partir de entonces claramente demostrado, han sido identificados en los condritos carbonados. La mayor parte del carbono allí encontrado se presenta bajo la forma de una fase insoluble en la mayoría de los disolventes y corresponde a un material orgánico complejo de estructura mal definida. Pero una fracción notable del carbono se presenta bajo la forma de compuestos de naturaleza bien determinada: hidrocarburos, ácidos carboxílicos, aldehídos y cetonas, alcoholes, aminas, urea, forman parte de la larga lista.

Gracias a técnicas de análisis químicos extremadamente poderosas, tales como la cromatografía en fase gaseosa, acoplada a la espectrometría de masa, disponibles desde finales de los años 60, se pudo también demostrar la presencia de aminoácidos y de bases púricas y pirimídicas (o al menos de sus precursores *, diferentes compuestos capaces de liberarlas durante el protocolo analítico) en muchos meteoritos carboníferos, incluso en aquellos que nos visitaron recientemente. Es el caso del meteorito de Murchison, caído en Australia en 1969; es también el caso de varios meteoritos recogidos en la Antártida, durante las campañas internacionales realizadas a finales de los años 70.

Los aminoácidos identificados comprenden no sólo los que se encuentran en las proteínas, sino también compuestos que no desempeñan ningún papel en bioquímica, como los aminoácidos (los aminoácidos de proteína son todos de tipo α). Por otra parte, los análisis recientes que se sirvieron de técnicas de alta resolución, capaces de separar los enantiómeros, indican que estos compuestos están siempre presentes bajo forma racémica, signo de que no provienen de una eventual contaminación biológica de origen terrestre. Finalmente, el análisis de los isótopos * que constituyen esta materia orgánica, en particular en el caso del carbono y del hidrógeno, conduce a valores de relaciones isotópicas (porcentaje del isótopo ^{13}C respecto del isótopo naturalmente más abundante, ^{12}C, y porcentaje de deuterio, D, respecto a su isótopo, el hidrógeno, H) que indican un origen extraterrestre.

Los meteoritos macroscópicos no son los únicos objetos extraterrestres que atraviesan la atmósfera de nuestro planeta y que se depositan en su superficie. La Tierra se ve también bombardeada periódicamente por fragmentos de cometas, y permanentemente por micrometeoritos. Cada año, más de diez mil toneladas de partículas microscópicas que provienen del cosmos son captadas por nuestro planeta. Desde los años 80 se llevan a cabo recolecciones sistemáticas de estas partículas, a partir de naves en órbita terrestre o, en la estratosfera, a partir de aviones o incluso en la superficie del planeta.

Las expediciones «Lac bleu» a Groenlandia y «Glace bleue», a la Antártida, efectuadas por el geólogo Michel Maurette y sus colegas, permitieron recoger cientos de micrometeoritos enterrados en los barros de los lagos groenlandeses y en el corazón de los hielos del Polo Sur. Su análisis muestra que una notable fracción de los granos recogidos corresponde a partículas porosas, de composición análoga a la de los condritos carbonados, y que no se han fundido durante la travesía por la atmósfera terrestre. Actualmente se trata de efectuar análisis químicos precisos de la materia carbonada presente en estas partículas. Estos estudios están en curso; los resultados ya logrados muestran que el que la Tierra se vea sembrada por materiales orgánicos extraterrestres es un proceso que debe tomarse en consideración.

Estos datos muestran también de manera evidente que la química del carbono no es privativa del planeta Tierra. Una química orgánica compleja, análoga a la química prebiótica que ha llevado a los componentes básicos de lo viviente en nuestro planeta, ha permitido la formación de aminoácidos y de bases nitrogenadas que constituyen los ácidos nucleicos —o de sus precursores— en los meteoritos carbonados. ¿Por qué no habría de darse también en la superficie de la Luna?

¡Objetivo Luna!

Mucho antes de poner pie en nuestro satélite natural, teníamos a nuestra disposición muestras lunares. Entre los meteoritos recogidos en la Tierra, muchos provienen de la Luna (¡y algunos parecen provenir... del planeta Marte!). En efecto, cuando estos astros se ven bombardeados por meteoritos, el choque puede ser lo suficientemente violento como para expeler fragmentos de la superficie del planeta hacia fuera, y ello tanto más cuanto que la gravedad es débil. De todas maneras, para conocer este origen había que conocer la composición química del suelo lunar, por tanto, ir a la Luna.

El primer aterrizaje sin dificultades en el suelo lunar tuvo lugar en 1966, con la sonda soviética *Luna 8*. Pero la imagen más fuerte de la historia de las grandes exploraciones de este siglo seguirá siendo la de la primera pisada del hombre, el 20 de julio de 1969. Millones de teleespectadores asistieron en directo a la salida de los astronautas estadounidenses Neil Armstrong y Edwin Aldrin del módulo lunar del *Apollo 11*. Este «gran paso para la humanidad» marcaba también el inicio del programa estadounidense de exploración intensiva de la Luna. En tres años y seis desembarcos humanos, se trajeron a la Tierra dos mil muestras que representaban cuatrocientos kilos de materia lunar.

A pesar de las extremas precauciones, indispensables para evitar cualquier contaminación de estos materiales extraterrestres por la vida terrestre, no se detectó ningún compuesto orgánico de origen lunar en estas muestras. La ausencia de aminoácido, demostrada después de algunas controversias entre los laboratorios que participaban en los análisis químicos, aunque decepcionante, es de todas formas bastante fácil de comprender. Como consecuencia de la ausencia de atmósfera protectora, el regolito, que constituye el suelo de la Luna, se ve constantemente bombardeado por partículas de alta energía, rayos cósmicos *, fotones y otras partículas (principalmente protones) que componen lo que se llama el «viento lunar». Este flujo es lo suficientemente energético como para destruir cualquier materia orgánica presente en las capas superficiales, hasta una profundidad que puede alcanzar varias decenas de centímetros. Habría que excavar entonces mucho más profundamente el suelo lunar para tener la posibilidad de encontrar materia orgánica compleja.

El medio ambiente lunar es tan hostil que la probabilidad de que sirva de nicho a eventuales microorganismos es extremadamente débil. Y, sin embargo, cuando la NASA lanzó el programa *Apollo,* no quiso asumir ningún riesgo. Una comisión se encargó de estudiar específicamente el problema de una eventual contaminación biológica: contaminación del suelo lunar por la vida terrestre que podríamos llevar involuntariamente y, sobre todo, contaminación de nuestro planeta por microorganismos extraterrestres, susceptibles de ser transferidos a la Tierra con las muestras lunares.

Las opiniones estaban divididas: ¿había que gastar millones de dólares para proteger nuestro planeta contra un fenómeno improbable? La apuesta era demasiado grande: finalmente la comisión propuso que los módulos de descenso fueran esterilizados y que los astronautas, con las muestras de Luna que habían recogido, fueran puestos en cuarentena al regresar a la Tierra. Esta precaución demostró ser inútil. Los únicos gérmenes vivos encontrados en la Luna fueron los que nosotros sembramos. La cámara de televisión del artefacto *Surveyor 7* no había sido esterilizada antes de su lanzamiento. Permaneció cerca de dos años en la superficie de la Luna. Fue traída nuevamente a la Tierra por los astronautas del *Apollo 12.* Se constató entonces que había cobijado durante toda su estancia extraterrestre esporas —absolutamente terrestres— y que estas bacterias, dormidas, habían sobrevivido a las condiciones lunares. El establecimiento de una cuarentena durante las misiones *Apollo* permitió al menos este descubrimiento.

No hay, pues, vida, ni tampoco compuestos de interés biológico en nuestro satélite natural, fuera de lo que nosotros hemos llevado. De todas maneras, estas primeras misiones de exploración han permitido circunscribir mejor la cuestión de la vida extraterrestre; constituyen el origen de la aparición y del desarrollo de un nuevo campo de investigación pluridisciplinario: la exobiología. Constituían la etapa previa indispensable para las misiones de exploración hacia otro objeto de considerable importancia exobiológica: el «planeta rojo».

¿Vida en Marte?

Desde que el hombre sabe mirar el cielo y reconocer los astros que en él se mueven, de todos los planetas fácilmente observables del Sistema Solar, Marte es sin duda el que más lo ha fascinado. Este minúculo disco rojizo, del color de la sangre y las batallas, estaba reservado, en la antigüedad, al dios de la guerra. El planeta rojo se ha convertido, desde entonces, en uno de los objetos de estudio favoritos de los exobiólogos. Marte, cercano a la Tierra, de dimensiones comparables (aunque sensiblemente inferiores: el diámetro del planeta Marte es igual a la mitad, aproximadamente, del del nuestro), ha suscitado regularmente las hipótesis más aventuradas, ha conducido a los proyectos más audaces y ha alimentado la historia de las ciencias con verdaderos desafíos. Uno de los más clásicos es la aventura de los canales marcianos.

La historia se inicia en Inglaterra en 1864: el astrónomo William Rutter Dawes acaba de detectar gigantescos brazos que recorren el globo marciano. En efecto, con la invención de medios de observación cada vez más poderosos, los astrónomos se ponían a redescubrir los planetas que ya creían conocer. La historia continúa en Italia en la misma época con el astrónomo Angelo Secchi (1818-1878): éste verifica las observaciones de Dawes, confirma la presencia de esos enorme brazos y los llama «*canali*». Esta palabra, que significa en italiano «brazos de mar», es desdichadamente traducida por «canales», que sugiere la existencia de estructuras artificiales de irrigación en la superficie de Marte. El mito de los canales marcianos había nacido. Será alimentado por los estudios del astrónomo Giovanni Schiaparelli (1835-1910) que, en 1877, aprovecha condiciones de cercanía excepcionales para la observación de Marte. Identifica vastas redes de canales regulares en el planeta rojo.

La continuación de la historia se desarrolla principalmente en Estados Unidos. Percival Lowell (1855-1916), «canalista» convencido, gasta la mayor parte de su fortuna personal en las observaciones de Marte. Hace construir el observatorio de Flagstaff en Arizona, inaugurado en 1894, y pasa la mayor parte de su tiempo observando y describiendo los canales marcianos, signo de la presencia de una vida inteligente y tecnológicamente avanzada en dicho planeta. El perfeccionamiento de los telescopios durante el siglo XX hace que se abandonen progresivamente las interpretaciones de los «canalistas». Lo que se creía que eran canales no eran por cierto sino inmensas nubes de polvos que recorrían el planeta.

En los años 60, la NASA envía sucesivamente tres naves *Mariner* para que sobrevuelen y observen a su paso el planeta Marte, y una cuarta, en 1971 (*Mariner 9*), puesta en órbita alrededor del planeta. En el mismo período, la Unión Soviética envía ocho naves, la última en 1973. Estas misiones, en primer lugar *Mariner 9,* suministran imágenes de Marte de una precisión jamás obtenida hasta ese momento. La duda desaparece entonces por completo. Las fotografías detalladas de la superficie de Marte no revelan ningún canal artificial. En contrapartida, muestran formaciones geológicas similares a los lechos de un río.

Hubo agua en Marte. Quizá la haya aún. Marte posee una atmósfera que, aunque débil (trescientas veces menos densa que la atmósfera terrestre) está básicamente constituida por dióxido de carbono. Las temperaturas en la superficie son muy cambiantes; varían, según la latitud y la estación, dentro de una amplia gama que va desde los — 140 °C, aproximadamente, hasta valores mucho más soportables (del orden de los 20 °C). A principios de los años 70 se considera que la posibilidad de que haya vida en Marte está lejos de ser nula. Es la hipótesis de base de la aventura *Viking*. El 20 de julio de 1976, la sonda de *Viking 1* se asienta sin dificultades en el hemisferio norte, en el emplazamiento de Chryse Planitia. El 3 de septiembre le toca a *Viking 2,* más al norte, en un lugar llamado Utopia, al otro lado del planeta. Es la culminación de uno de los proyectos exobiológicos más audaces: la búsqueda —a través de experiencias robotizadas— de vida microscópica en Marte. No es el único objetivo de esta misión. Las experiencias de búsqueda de vida y de compuestos orgánicos en Marte no representan sino el 10 por 100 de los mil millones de dólares invertidos en el proyecto *Viking* (lo que equivale, a pesar de todo, a la suma total de cien millones de dólares). Sin embargo, estas experiencias son la principal justificación de la misión *Viking* ante el gran público.

La definición y el desarrollo de la experiencia de análisis de materia orgánica no planteó mayores problemas. Se eligió, para la experiencia GC-MS *, un instrumento de pirólisis (que permitía la vaporización de las muestras de suelo marciano), acoplado con un cromatógrafo en fase gaseosa * (que separaba los constituyentes gaseosos obtenidos) y él mismo estaba acoplado a un espectómetro de masa * (capaz de identificar los constituyentes que salían del cromatógrafo). Es la primera vez que este tipo de instrumento se utiliza en una misión de exploración planetaria; habrá que esperar la llegada de la misión Cassini-Huygens, a las cercanías de Saturno y de Titán, en 2004, para tener un segundo ejemplo.

La misión *Viking* incluía también un conjunto de experiencias específicas de investigación de sistemas biológicos, complementarias de la experiencia GC-MS de análisis químico de compuestos orgánicos. La definición de las experiencias biológicas fue un verdadero rompecabezas, cuya resolución era tanto más difícil cuanto que sus protagonistas estaban en pleno desacuerdo respecto de la naturaleza de los seres vivos marcianos. Algunos, con el astrofísico y exobiólogo Carl Sagan a la cabeza, estaban convencidos de que el planeta Marte puede cobijar una vida tan variada y diversificada como la vida terrestre, incluso una vida macroscópica. «No hay razón alguna para excluir, en Marte, la presencia de organismos de tamaños que vayan desde el de la hormiga hasta el del oso polar. Incluso existen razones para pensar que los grandes organismos pueden adaptarse más fácilmente en Marte que los pequeños.» El contenido de esta declaración de Sagan no conlleva de todas maneras la adhesión de la mayoría de los miembros del equipo científico de la misión *Viking*. Parece más razonable suponer que los «macrobios» no existen en Marte y limitarse así a los microbios.

Se eligieron finalmente tres experiencias exobiológicas, vinculadas a la búsqueda de una vida microscópica (fundada en la química del carbono). La primera (*Pyrolytic Release*) está dedicada a los microorganismos autótrofos. Las otras dos (*Labeled Release* y *Gas Exchange*) buscan, por el contrario, microorganismos heterótrofos intentando detectar una actividad metabólica en las muestras de suelo. Sus resultados, aunque difíciles de interpretar, podrían llevar a pensar que el suelo marciano incluye microorganismos. Sin embargo, los estudios efectuados en laboratorio con el fin de analizar y de reproducir estos datos, muestran que estas experiencias no eran lo suficientemente específicas de lo viviente. De hecho, sus respuestas «positivas» son compatibles con explicaciones no biológicas, que hagan intervenir una actividad química importante en el suelo marciano. En contrapartida, los resultados de la experiencia GC-MS son claros y permiten zanjar la cuestión: no ha sido detectado ningún compuesto orgánico. La conclusión actual es que el suelo de Marte, por cierto muy oxidado, no encierra, al menos en los dos lugares visitados, ningún microorganismo ni nigún compuesto inorgánico.

Una de las ideas expuestas para interpretar los resultados de *Viking* es que las bacterias marcianas son bacteriófagas: bacterias que se comen a sí mismas, que no producen ningún desecho susceptible de perdurar y que no dejan de este modo ningún rastro de compuesto orgánico en el suelo (aparte de ellas mismas). De hecho hay que reconocer que, desde la aventura *Viking*, la presencia de vida en Marte parece muy improbable. Sin embargo, hay quien aún cree en ella. Algunos de los que participaron directamente en las experiencias biológicas de la misión no están convencidos de que se pueda explicar el conjunto de los datos de estas experiencias sólo por procesos químicos y no biológicos. Otros piensan que los resultados obtenidos en sólo dos lugares no pueden generalizarse a la totalidad del planeta. No hemos elegido quizá los lugares de Marte más propicios para albergar vida. Habría que ver en otros sitios, en las regiones ricas en lechos fluviales, donde el agua debía correr en abundancia, o en los polos, allí donde la nieve carbónica está mezclada con hielo de agua. Para estos escasos defensores de la vida en Marte, de todas formas, ausencia de prueba no es prueba de ausencia y no hemos demostrado, pues, que la vida no exista en Marte.

Yo no comparto esa opinión. Los datos de *Viking* indican que el suelo marciano debe ser muy rico en peróxidos, compuestos que contienen muchos átomos de oxígeno, tales como el agua oxigenada, y muy oxidantes. El color rojo del suelo se debe, además, a la presencia de óxidos de hierro. Difícilmente se puede imaginar que haya microorganismos que re-

---

Los experimentos exobiológicos de la misión *Viking*

Las sondas Viking *que se posaron en la superficie de Marte en 1976 incluían un conjunto de tres experimentos destinados específicamente a la búsqueda de una vida microscópica. El experimento* Pyrolythic Release *debía descubrir una eventual actividad fotosintética del sol marciano (debida a las bacterias autótrofas que pudiera contener), con la asimilación de CO_2 y CO. Los otros dos intentaban detectar una actividad metabólica de seres heterótrofos en las muestras de suelo, con asimilación de sustancias nutritivas. En el experimento* Labeled Release, *esas sustancias se marcan con carbono 14, que es identificado fácilmente, después de su eventual asimilación, por un detector de radiactividad que ofrezca una sensibilidad muy elevada, aunque sin permitir precisar la naturaleza del metabolismo. Esta precisión es aportada por el experimento* Gas Exchange, *equipado con un sistema de detección menos sensible, pero capaz de proporcionar datos sobre la naturaleza de los gases emitidos después de la asimilación.*

Labeled Release

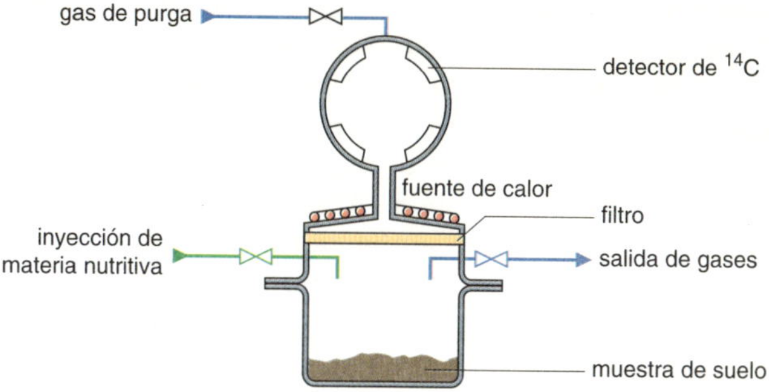

Gas Exchange

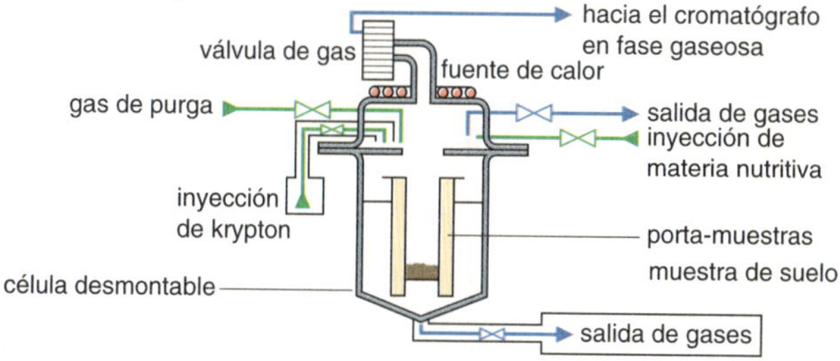

Pyrolytic Release

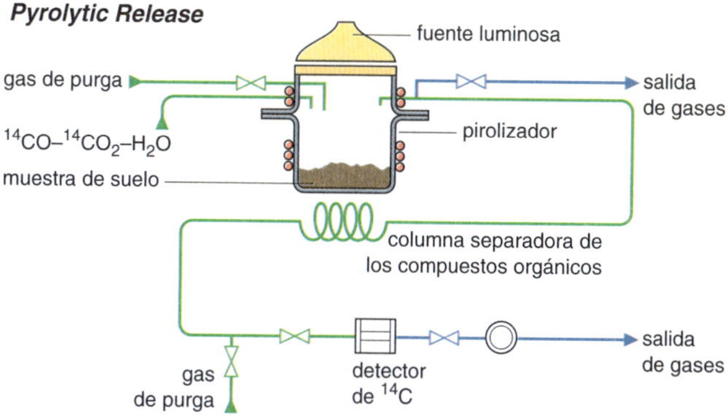

Fuente: P. de la Cotardière (dirigido por), *Astronomie*, Larousse, 1991.

sistan a condiciones tan hostiles. La ausencia de agua líquida en Marte es también un indicador esencial. Es más, la composición química de la atmósfera de Marte se conoce hoy en día en gran medida justamente gracias a la misión *Viking:* esta atmósfera no encierra ningún compuesto orgánico. Ahora bien, si la vida estuviera presente en Marte, debería manifestarse en todo el medio ambiente del planeta. La atmósfera, en estado de desequilibrio termodinámico permanente, debería contener las marcas químicas de la vida microscópica marciana, aun cuando esta última viva profundamente escondida en el suelo marciano. La Tierra nos ofrece un ejemplo asombroso de ese desequilibrio. Su atmósfera, aunque muy oxidante, es rica en productos orgánicos. Es la vida quien se los provee constantemente, suministrando así la confirmación evidente de su presencia en el planeta Tierra.

Viking no tenía por único objetivo la búsqueda de vida y de compuestos orgánicos en el planeta rojo. El módulo de aterrizaje incluía, además de las experiencias exobiológicas y de la experiencia GC-MS, una experiencia de análisis inorgánico, otra de imágenes y diferentes instrumentos destinados a medir los vientos, las propiedades magnéticas y físicas y la actividad sísmica. Otras varias experiencias estaban también a bordo de la nave, en particular un instrumental de alta resolución para lograr imágenes, que permitió una catografía detallada del planeta. Los miles de imágenes que fueron así obtenidas muestran de manera evidente que el agua líquida estaba presente en la superficie de Marte en un pasado remoto. Las múltiples redes de ríos desecados, de valles cuya morfología es característica de un origen por arroyada, constituyen una prueba irrefutable. Existen también numerosas formaciones en la superficie de Marte que sugieren la presencia de cantidades enormes de agua helada subterránea. Si su existencia se confirma, este «pergelisol» sería, junto con los casquetes glaciares que ocupan los polos, el depósito que reuniría la mayor parte del agua de Marte.

La morfología del hemisferio sur marciano es bastante semejante a la de la Luna, con un alto porcentaje de «craterización». El estudio del número y de la distribución de los cráteres (formados por impactos... «extramarcianos»), permite, en comparación con sus análogos lunares, una datación de los terrenos correspondientes (entre 3.800 y 4.200 millones de años). Esto significa que casi la mitad del planeta rojo presenta una superficie que no se ha visto alterada ni por la erosión ni por la actividad volcánica o sísmica, contrariamente al planeta Tierra, donde las rocas igualmente antiguas (como las de Isua) son muy escasas. Esta diferencia es fácilmente explicable: no hay casi actividad tectónica en Marte.

Esta nueva visión de Marte permite construir una explicación de la evolución del planeta. Marte se formó por acreción, al mismo tiempo que la Tierra y los otros planetas. Durante los primeros mil millones de años de su historia sufrió un bombardeo meteórico intenso. Hace más o menos 3.500 millones de años, el planeta sufría ya una erosión fluvial importante (como lo muestran las fotografías del hemisferio sur). Marte debía entonces de tener, en esa época, agua líquida en abundancia. Pero necesitaba también una atmósfera densa, constituida por dióxido de carbono, que le permitiera, por efecto invernadero, mantener una temperatura de superficie compatible

El planeta rojo fue quizá azul
La superficie de Marte está cubierta de formaciones «geológicas» variadas y complejas. Varias de ellas, como las formaciones de la Valles Marineris, son semejantes a los cañones y a los lagos terrestres. La presencia de estas estructuras sugiere poderosamente que el agua líquida era abundante en el planeta Marte en el comienzo de su historia.
Foto © US Geological Survey/SPL/Cosmos.

con la presencia de agua líquida. Esta atmósfera, mantenida por una desgasificación del manto marciano, habría conocido lluvias y tormentas, lo que habría producido la erosión del suelo, eliminando de este modo el dióxido de carbono de la atmósfera (a través de un verdadero lavado) y transformándolo en carbonato en la superficie. La atmósfera de Marte fue así perdiendo progresivamente su constituyente principal, el dióxido de carbono. En el caso de la Tierra, que sufrió procesos análogos, los carbonatos pudieron reciclarse en la atmósfera bajo forma de dióxido de carbono gracias a la tectónica y al volcanismo. Los movimientos de las grandes placas continentales en la superficie de la Tierra arrastran los carbonatos a las entrañas calientes del planeta. Allí se reconvierten en dióxido de carbono y son reinyectados en la atmósfera durante las erupciones volcánicas. La ausencia de tectónica en Marte ha hecho que el dióxido de carbono quedara «entrampado» de manera irreversible en el suelo. La atmósfera, pobre en CO_2, se enfrió, el efecto invernadero disminuyó otro tanto, lo que favoreció aún más las lluvias, el lavado del CO_2 y el enfriamiento. El aumento del flujo solar no pudo oponerse a esta tendencia ineluctable. La temperatura de superficie disminuyó así progresivamente hasta que la atmósfera desapareció y el agua se transformó totalmente en hielo. En esta explicación de la catástrofe hay al menos un punto esencial para la exobiología: Marte poseía una atmósfera densa y agua líquida en la época en la que la vida estaba apareciendo e invadiendo todo el planeta Tierra en una forma ya evolucionada.

¿Por qué la vida no habría de nacer también en Marte? Habría desaparecido después como consecuencia de una evolución diferente en ambos planetas que se debe fundamentalmente a la ausencia de tectónica de las placas en el planeta rojo. Probar esta hipótesis requiere buscar rastros de vida apagada hace más de 3.000, incluso de 3.500 millones de años. ¿De qué vida se trataría? ¿De una vida microscópica basada en la fotosíntesis? ¿De cianobacterias que habrían dejado vestigios análogos a los estromatolitos terrestres? ¿De bacterias que viven de la quimiosíntesis, como las de las salidas de gases en el mar? ¿De microorganismos muy diferentes de los que conocemos?

Marte presenta una ventaja: contrariamente a la Tierra, donde las huellas de vida que datan de hace más de 3.500 millones de años parecen haber desaparecido, el planeta rojo ha conservado una superficie relativamente poco alterada. Si la vida marciana existió, sus huellas deben de estar entonces mucho mejor conservadas y deben de ser (relativamente) más fáciles de encontrar que las de la vida terrestre de la misma época. Pero esta búsqueda requiere de medios que no estarán disponibles antes del año 2000, ya que necesita vehículos de exploración del suelo marciano que se desplacen a grandes distancias y que transporten instrumentos robotizados lo suficientemente inteligentes como para localizar e identificar microfósiles. Serán misiones espaciales ampliamente internacionales, misiones del planeta Tierra hacia su hermano Marte. En compensación, las próximas misiones marcianas, en un futuro más cercano, deberían poder responder a la pregunta de hacia dónde han ido el agua líquida y el dióxido de carbono del medio primitivo de Marte, pregunta igualmente importante para la exobiología. La mejor respuesta sería la confirmación de que ambos están «entrampados» en el suelo bajo forma de pergelisol y de carbonatos respectivamente.

El descubrimiento de vida, aun extinta, en Marte, como ha declarado el físico estadounidense Philip Morrison, «transformaría el origen de la vida de milagro en estadística». Sería también para nosotros un medio por cierto único de encontrar en el Sistema Solar huellas de vida primitiva análogas a las que están ahora totalmente borradas en la Tierra.

¿Otros nichos en el Sistema Solar?

La vida —al menos la que conocemos— parece necesitar agua líquida para persistir y para desarrollarse. Una condición necesaria (pero no suficiente) para que un medio extraterrestre cobije vida es entonces que posea también ese precioso líquido. Con la presión atmosférica que reina hoy en día en la superficie de la Tierra (una atmósfera, es decir, alrededor de diez hectopascales), el agua hierve a 100° C y se solidifica a 0 °C. Se puede disminuir notablemente la temperatura de congelación agregando sustancias al líquido. Así, el agua de mar, rica en sales, sólo comienza a congelarse a alrededor de — 20 °C, valor poco sensible a una modificación de presión. En cambio, al aumentar la presión, se puede conservar el agua en estado líquido a temperaturas muy superiores a los 100 °C. Pero la vida misma está condicionada por la temperatura del agua líquida. El ejemplo de las salidas de gases en el mar, en el caso de la Tierra, es ilustrativo: la temperatura del agua, cerca de las chimeneas volcánicas, varía entre los 250 y los 300 °C, y sólo se mantiene en estado líquido gracias a la presión de los miles de metros de agua situados por encima (lo que corresponde a una presión de varios cientos de atmósferas). Sin embargo, la vida, incluidos los microorganismos, no se encuentra sino en las zonas inmediatamente vecinas y donde las condiciones son ya mucho menos hostiles, con temperaturas que no superan los 100 °C aproximadamente.

Los nichos donde puede florecer la vida no son ni demasiado fríos ni demasiado cálidos, con temperaturas que varían entre los — 50° y los 100 °C, lo que incluye el agua líquida. Existe alrededor del Sol una zona que cumple estas condiciones. Esta zona, llamada a veces «biotérmica», es una delgada corona situada entre la órbita de Venus y la de Marte y que comprende, por supuesto, a la Tierra. Venus está demasiado cerca del Sol, lo que lo convierte en un planeta muy cálido: la temperatura media en su superficie es de 464 °C. Esta temperatura infernal se mantiene por un efecto invernadero extremadamente poderoso, provocado por la presencia de una atmósfera muy densa, constituida por dióxido de carbono y por nubes de ácido sulfúrico. Con estas condiciones es improbable que Venus cobije actualmente vida. La sonda *Magellan,* lanzada en 1989 y puesta en órbita alrededor de Venus, observa de manera profunda la superficie del planeta y realiza una cartografía detallada, gracias a su radar de alta resolución. Los datos ya suministrados sugieren para algunos que el planeta ha podido conocer el agua líquida, cuando el Sol era menos poderoso y cuando la atmósfera venusiana, menos densa, provocaba un efecto invernadero más débil. Quizá haya conocido entonces la evolución química y la eclosión de la vida. Si este fuera el caso, es absolutamente imposible que podamos pensar, por el momento, en buscar sus huellas fósiles. No disponemos en la actualidad de los medios tecnológicos necesarios para esa investigación. Peor aún, suponiendo que esas huellas hayan existido, han debido de desaparecer totalmente

—contrariamente a sus análogas marcianas— debido a la actividad en la superficie de Venus.

Fuera de esta zona biotérmica existen medio ambientes compatibles con el agua líquida en el Sistema Solar. Las atmósferas densas de Júpiter y de Saturno, a pesar de su lejanía del Sol, poseen, en sus profundidades, zonas donde la temperatura es clemente y donde el agua podría encontarse en estado líquido. Pero dichos planetas no cuentan con una superficie sólida: están formados por gas, fundamentalmente por hidrógeno, y sus atmósferas están animadas de movimientos violentos que me parecen incompatibles con la aparición de vida. En cambio, estos planetas poseen numerosos satélites, compuestos esencialmente de hielo y cuya superficie, bien formada, es perfectamente visible con nuestros instrumentos de observación. Entre ellos, Europa, uno de los satélites de Júpiter, sobrevolado en 1979 y en 1980 por dos sondas *Voyager,* presenta una superficie de agua congelada, cortada por múltiples, largas y profundas fallas.

Uno de los modelos de estructura interna propuestos para dar cuenta de las propiedades de este cuerpo planetario (de 3.000 km de diámetro) sugiere que, bajo una capa superficial de 10 km de hielo de espesor, Europa posee un océano de agua líquida de 100 km de profundidad. La energía provendría de las fuerzas de marea, originadas por las interferencias con Júpiter, lo que provocaría también los resquebrajamientos en la superficie del satélite. Europa podría incluir también, como muchos satélites de Júpiter, materia orgánica (ya que, aparte del agua, parecen constituidos con los mismos materiales que los condritos carbonados).

Se toma seriamente en cuenta la posibilidad de

que la vida haya aparecido en Europa y de que se haya mantenido hasta hoy. Aunque me parece poco probable, no se puede excluir esa hipótesis. Las futuras misiones a Europa, que se empiezan a proyectar desde ahora, pero que no podrán realizarse antes del año 2000, deberán incluir experiencias exobiológicas.

¿Y en otro lugar?

Las únicas posibilidades que nos quedan de localizar vida extraterrestre se encuentran fuera del Sistema Solar. No creo que los objetos voladores no identificados, digamos mejor, las observaciones de fenómenos aéreos no explicados, sean signo de la visita de seres inteligentes venidos de fuera, así como tampoco de sus robots. En este punto se trata de creencias, ya que los elementos de que disponemos son demasiado pobres para que puedan considerarse como pruebas o como indicios serios. En cambio, estoy convencido de la existencia de una vida o de vidas en otros sistemas solares, incluso de vidas inteligentes. Y esta convicción se ve reforzada por los numerosos datos de los que dispone hoy la exobiología, que apuntan en esta dirección.

La investigación de tipo SETI * (*Search for Extra-Terrestrial Intelligence*: búsqueda de inteligencia extraterrestre) me parece un enfoque que debe continuar, con medios adecuados. Un financiamiento de la NASA ha permitido la construcción de un detector específico, capaz de explorar simultáneamente diez millones de canales, es decir, de «escuchar» diez millones de frecuencias diferentes. Inaugurado el 12 de octubre de 1992 (día del quinto centenario de la llegada de Cristóbal Colón a América y año internacional del espacio), este sistema es actualmente operativo. De todos modos necesita radioastrónomos, radiotelescopios y financiamiento. La coyuntura no es muy favorable; SETI no está entre las prioridades de las agencias espaciales. Estas últimas, al igual que la mayoría de los organismos de investigación, sufren también la crisis económica, y deben reducir sus presupuestos y hacer opciones. Sin embargo, los radiotelescopios existen: Arecibo, Nançay están entre los más interesantes para una investigación SETI y numerosos radioastrónomos exobiólogos (o «bioastrónomos») están listos para comprometerse aún más en este tipo de investigaciones, incluso en Francia. Este enfoque, que podría ser muy eficaz, cuesta relativamente poco y posee actualmente las herramientas necesarias. Puede llevar también a descubrimientos inesperados en campos diferentes de la exobiología.

De hecho, SETI no es el único medio del que disponemos para detectar vida fuera del Sistema Solar. Supongamos que algún tipo de vida, incluso microscópica pero análoga a la vida terrestre, exista en uno de los planetas hipotéticos que giran alrededor de una de las estrellas próximas al Sol. Entonces ese planeta debe tener una atmósfera rica en oxígeno, O_2, producto de la fotosíntesis biológica, que incluya una capa de ozono, O_3, formado por fotoquímica de O_2. Esta capa protege del exterior a los sistemas vivos, como su análoga terrestre, de los rayos ultravioleta destructivos, emitidos por la estrella de ese planeta. Las técnicas espectroscópicas, cada vez más poderosas, deberían alcanzar, en el horizonte del año 2000, la sensibilidad indispensable para la detección eventual de O_2 y de O_3 en torno a las estrellas cercanas. Quizá para ello haya que observar desde el espacio. La observación a partir de satélites artificiales en órbita terrestre ya está, por supuesto, a nuestro alcance. Permitirá evitar, en parte, las perturbaciones importantes que provienen de nuestra propia atmósfera (en particular de su oxígeno y de su ozono). La observación a partir de un observatorio lunar, lejos de los ruidos de nuestro globo, me parece aún más prometedora.

Las futuras estaciones espaciales deberían ofrecernos también los medios para investigar sistemas planetarios de manera eficaz. Hasta ahora sólo conocemos uno: el Sistema Solar. Pero los modelos que explican su formación sugieren que se trata de un fenómeno muy general, que parte de un disco protoplanetario. Este disco, constituido por acreción de polvos, se transformaría rápidamente (un millar de años bastarían) en miniplanetas y en cometas que gravitarían alrededor de una estrella central. La rápida agregación de estos pequeños cuerpos conduciría progresivamente (en algunas decenas de miles de años) a los planetas finales. No hemos detectado hasta ahora ningún planeta extrasolar. En cambio, gracias a nuestros nuevos medios de observación, principalmente gracias al satélite artificial IRAS, los discos protoplanetarios ya no son una hipótesis. Hemos descubierto varios. Según estudios recientes β-Pictoris, el más célebre, parece incluso poseer planetas. El estudio de los movimientos de varias estrellas próximas sugiere que están también ellas rodeadas de «compañeros oscuros», planetas gigantes más grandes que Júpiter. De todos modos, la detección directa de planetas extrasolares sólo podrá hacerse de manera fiable con herramientas más adaptadas, como las técnicas ópticas que el astrónomo francés Antoine Labeyrie ha desarrollado recientemente y que le gustaría instalar... en la Luna.

El espacio para comprender

La observación del Cosmos nos ha permitido conocer la amplia variedad de cuerpos, de medio ambientes y de atmósferas planetarias. Es tiempo de utilizar estos conocimientos aplicándolos a otros campos (como por ejemplo el origen de la vida), pero también de utilizar el espacio para comprender la exobiología, sus diferentes aspectos y procesos.

Experiencias en órbita terrestre

El espacio próximo, el que es accesible a partir de un satélite en órbita terrestre, nos permite acceder a un medio ambiente que sigue siendo imposible de simular, en toda su complejidad, el suelo terrestre. No somos capaces de reproducir en laboratorio, de manera realmente fiel, el flujo ultravioleta del Sol, con toda su riqueza y con duraciones superiores a algunos días. Somos aún menos capaces de incluir en nuestras simulaciones el efecto simultáneo de otras partículas energéticas: rayos cósmicos y viento solar *. Ahora bien, necesitamos simular estas fuentes de energía para comprender, por ejemplo, cómo evolucionan las mezclas carbonadas complejas, modelos de la materia orgánica meteórica, y cómo los aportes meteóricos han podido participar en la química prebiótica terrestre. Necesitamos también el espacio para estudiar la resistencia de materiales o de sistemas biológicos sometidos a las constricciones del espacio.

Desde hace diez años, aproximadamente, hay experiencias en órbita alrededor de la Tierra que permiten acercarse a estas cuestiones. Es el caso, por ejemplo, del módulo ERA (*Exobiological Radiation Assembly*), a bordo de la plataforma europea EURECA, lanzada a finales de los años 80 por la nave espacial estadounidense. Ha permitido, entre otras cosas, el estudio de microorganismos expuestos a las condiciones del espacio y ha mostrado su gran fragilidad respecto de los rayos ultravioleta. Más del 90 por 100 de las esporas mueren en algunos segundos por efecto de los rayos solares ultravioleta de longitudes de onda inferiores a los 170 nanómetros. Las condiciones de vacío extremo aumentan drásticamente esta mortalidad. Los materiales biológicos, los ácidos nucleicos principalmente, se ven irreversiblemente degenerados en tales condiciones.

Me parece claro que el concepto de panespermia —que a veces resurge en los trabajos de científicos contemporáneos— puede muy difícilmente defenderse frente a estos datos experimentales, a menos que se equipe a los sistemas biológicos con un caparazón protector eficaz. Así, los rayos energéticos del espacio, en particular los que provienen del Sol, por un lado destruyen los sistemas vivos y por el otro son indispensables para provocar reacciones prebióticas: transformación de aminoácidos en polipéptidos, polimerización de materiales carbonados simples, que corresponde a una complejización de los materiales orgánicos antes de su importación a la Tierra. También en este caso hay experiencias que se llevan a cabo actualmente que requieren en amplia medida el espacio próximo.

Una química prebiótica en los cometas

Los datos suministrados por la armada de naves espaciales que partieron al encuentro del cometa Halley en 1986 han acrecentado considerablemente nuestro conocimiento de los cometas y han develado de repente un medio mucho más rico en compuestos orgánicos de lo previsto. Los cometas parecen ser, de todos los objetos celestes que conocemos, los que encierran la mayor fracción de materia carbonada. Están compuestos por un núcleo, sin duda constituido por hielo de agua y por compuestos orgánicos, rodeado de gases y de polvos que constituyen la «cola». Esta última está producida por la desagregación progresiva del núcleo, cuando el cometa se acerca al Sol, durante su periplo por el Sistema Solar.

Los gases de la cola son ricos en moléculas carbonadas, incluidos compuestos simples de interés prebiótico, tales como el ácido cianhídrico o el formaldehído. Lo mismo ocurre con las partículas que son, además, una fuente permanente de polvos interplanetarios. El análisis de los granos emitidos por el núcleo del cometa Halley, logrado fundamentalmente gracias a los instrumentos de las sondas *Giotto* y *Vega,* muestra que poseen más de 30 por 100 de materia orgánica, que contiene sobre todo, además de carbono (C), átomos de hidrógeno (H), de oxígeno (O) y de nitrógeno (N). Es por esta razón que han sido bautizados «CHON». Su estructura parece compleja y no ha sido precisada aún. Algunos creyeron ver en ellos polímeros de formaldehído, otros, moléculas orgánicas complejas, que incluirían bases púricas y pirimídicas.

Sin embargo, no parece que se pueda deducir con demasiada confianza la estructura de esta materia orgánica a partir de los datos suministrados por estos instrumentos. En efecto, los materiales han sido verosímilmente pirolizados durante su impacto, en los instrumentos de medida, como consecuencia de su gran velocidad. Además, me parece muy improbable que la evolución del medio complejo del que estos polvos han salido pueda dar nacimiento a un polímero perfectamente ordenado sin que se forme, simultáneamente, una fracción importante de «desechos» orgánicos, análogos a los productos carbonados sólidos obtenidos durante los experimentos de simulación en laboratorio. Ahora bien, estos «desechos» no aparecen simultáneamente. Seamos, pues, prudentes y sigamos llamando «CHON» a esta materia orgánica cometaria, como lo hacen los especialistas de la química de los cometas, rigurosos y honestos.

De hecho, estos pequeños cuerpos recorren órbitas inestables que atraviesan las de los planetas. Ocurre que chocan con estas últimas, ¡ante nuestros ojos! La captura del cometa Shoemaker-Levy 9 por parte de Júpiter en 1994 es un ejemplo... asombroso. Es también un ejemplo concreto del impacto de un objeto de varios kilómetros de radio medio en una atmósfera planetaria que incorpora de esta manera varios miles de millones de toneladas de agua y de materiales orgánicos extraterrestres. La cuestión es saber de qué forma esta materia orgánica es efectivamente incorporada.

Ya que del núcleo cometario sólo hemos visto la superficie, un caparazón negruzco cuya estructura química no conocemos aún. No tenemos información directa sobre su composición química interna. Podemos deducirla de la de los gases y la de los polvos eyectados del núcleo, suponiendo que esta última refleje la composición interna del núcleo cometario. ¿Pero esta extrapolación es acaso válida? ¿Cuál es la verdadera naturaleza de esos CHON? A pesar de las bajas temperaturas (alrededor de —100 °C), desfavorables para el desarrollo de las reacciones químicas, la presencia simultánea de materia orgánica y de agua (aunque helada) en el núcleo sugiere que se pueden desarrollar allí reacciones prebióticas importantes. ¿Hasta qué grado de complejidad?

La respuesta a estas preguntas requiere que se vaya a ver a los cometas de mucho más cerca, y sobre todo su núcleo. Era el objetivo primordial de la misión CRAF (*Comet Rendez-Vous and Asteroïd Fly-By*), una misión que tenía la doble tarea de sobrevolar un cometa y asteroides). Por razones presupuestarias, la NASA tuvo que abandonar ese proyecto. Habrá que esperar, pues, al año 2000 y a la misión Rosetta, actualmente en vías de estudio por parte de la Agencia Espacial Europea (ESA). Se trata de un proyecto muy ambicioso que incluye el envío de una nave hacia un cometa, el sobrevuelo de éste y el asentamiento de un módulo sobre su núcleo, con el fin de efectuar su análisis químico *in situ*. Pienso que este proyecto grandioso sólo podrá realizarse en el marco de una verdadera cooperación internacional; de hecho es lo que ya ha sido previsto

Los cometas, importadores de materiales orgánicos extraterrestres
El cometa P/Halley pasa a visitarnos cada setenta y seis años. Esta fotografía fue tomada en 1910. En 1986, sondas europeas (Giotto), *soviéticas* (Vega) *y japonesas* (Suisei y Sakigake) *tenían una cita con Halley.*
Las primeras casi rozaron el núcleo del cometa y pudieron demostrar que es muy rico en materiales orgánicos complejos.
Foto © Harvard College Observatory/SPL/Cosmos.

puesto que la ESA, con sus diferentes Estados miembros, así como también la NASA, están implicadas. Espero ardientemente que pueda realizarse: los cometas forman parte de los cuerpos planetarios más importantes para la exobiología y las misiones cometarias han sido demasiado escasas hasta ahora.

Otros laboratorios naturales de química orgánica extraterrestre

La química del carbono está también ampliamente presente en el Sistema Solar exterior (la parte del Sistema Solar situada en el exterior del cinturón de asteroides). Los planetas exteriores, desde Júpiter, el más cercano y el más gigante, hasta Neptuno y por cierto hasta Plutón, el más lejano y el que menos se conoce, poseen una atmósfera constituida mayoritariamente por hidrógeno y helio y que contiene fracciones importantes de metano. Estas atmósferas son la sede de químicas que conducen a compuestos orgánicos, inducidas por los rayos ultravioletas del Sol, por los electrones encerrados en las magnetosferas * planetarias e incluso, al menos en el caso de Júpiter, por relámpagos de tormenta. Estas químicas orgánicas en una atmósfera muy hidrogenada son variadas y dan testimonio de la diversidad de los procesos químicos imaginables en una atmósfera planetaria. Nos dan la posibilidad, entre otras cosas, de probar la validez de nuestras simulaciones en laboratorio. De acuerdo con los datos de las experiencias, la química orgánica en Júpiter parece dominada por el acoplamiento de la química del metano y la del amoníaco. En Saturno, la fosfina —un derivado hidrogenado del fósforo— reemplaza al amoníaco, y en Neptuno es por cierto el nitrógeno molecular.

Varios hidrocarburos ya han sido detectados en estas atmósferas, así como el ácido cianhídrico en las de Júpiter y Neptuno. Los colores de dominante marrón anaranjado de Júpiter, que recuerdan poderosamente los de los productos sólidos obtenidos en las simulaciones experimentales, podrían deberse a compuestos orgánicos coloreados. En el sistema de Neptuno se encuentra un satélite, Tritón, que es también extremadamente interesante. Las fotografías tomadas por la sonda *Voyager* durante su paso en 1989, muestran una superficie parcialmente cubierta de materiales negruzcos. Pareciera que se trata de materiales orgánicos producidos por la irradiación del metano y del nitrógeno también presentes en la superficie, pero en fase sólida, debido a las bajas temperaturas del satélite. Una química orgánica activa se desarrolla en los confines del Sistema Solar, a pesar de la extrema distancia respecto del Sol.

Un laboratorio prebiótico de referencia: Titán

De todo el Sistema Solar exterior, el planeta que me parece más interesante para la exobiología es Titán, el mayor de los satélites de Saturno. Es el único satélite del Sistema Solar que posee una atmósfera densa (la presión en la superficie de Titán es una vez y media la de la supeficie de la Tierra); Titán es también el único cuya superficie no se ve, ya que está oculta por espesas brumas de partículas orgánicas. La atmósfera de Titán está constituida mayoritariamente por nitrógeno, con varios puntos de porcentaje de metano y una fracción muy pobre de hidrógeno. Según los resultados de las experiencias de simulación en laboratorio, se trata de una de las mejores atmósferas prebióticas. Debería contener numerosos compuestos orgánicos, principalmente hidrocarburos y nitrilos. En perfecto acuerdo con estas previsiones, la explotación de los datos espectroscópicos de la misión *Voyager* y de las observaciones que tuvieron lugar luego, a partir del suelo terrestre, pusieron en evidencia la presencia de varios de estos compuestos en la atmósfera de Titán. La lista —ya larga— de estas moléculas, comprende varios nitrilos que desempeñan un papel fundamental en la química prebiótica terrestre, como el ácido cianhídrico y el cianoacetileno.

Titán presenta muchas analogías con nuestro globo. Su atmósfera, al igual que la de la Tierra, encierra compuestos que tienen un efecto invernadero (el metano, que equivale al agua en la Tierra y el hidrógeno al dióxido de carbono) que tienden a calentarla, y compuestos (los aerosoles) de «anti-efecto invernadero», que tienden a enfriarla. Además, las temperaturas de la atmósfera de Titán, aunque mucho más bajas que las de nuestro planeta, varían con la altitud, de manera muy semejante a las de la atmósfera terrestre. Las similitudes llegan aún más lejos: los modelos de la superficie de Titán sugieren que está cubierta de océanos. No se trata de océanos de agua ya que la temperatura es allí muy baja (alrededor de —180 °C) sino de metano y de etano líquidos. Por ello la química orgánica debe estar presente en los tres componentes —aire, aerosoles y océanos— de lo que se puede llamar, para llevar más allá la analogía con la Tierra, el «geofluido» de Titán. Deben de existir numerosos acoplamientos químicos y físicos en estos tres componentes y deben de gobernar la formación y la evolución de la materia orgánica.

Titán aparece entonces como un verdadero planeta-laboratorio de química prebiótica: un reactor a escala planetaria en el que una química —con toda la complejidad de un medio real— análoga a la que ha llevado a la vida terrestre, está operando. Existe una

La misión Cassini-Huygens
Cassini llevará en 1997 alrededor de doce instrumentos para fotografiar, analizar, medir a Saturno y Titán a partir de 2004 y durante varios años. La sonda, lanzada desde la primera órbita de la nave, descenderá en la punta de un paracaídas en la atmósfera de Titán.
Durante las dos horas y media que ha de durar el descenso, seis instrumentos efectuarán mediciones, incluidos los análisis que permitirán determinar la composición química de la atmósfera, de los aerosoles y, si la sonda sobrevive al impacto, la naturaleza física y la composición química de la superficie.
Foto © Esa/Estec.

única diferencia importante: la química de Titán se desarrolla a baja temperatura y, consecuencia directa, sin agua líquida. Es por ello que estoy convencido de que ir a Titán para ver hasta dónde ha evolucionado esa química debería permitirnos, indirectamente, cuantificar la importancia del agua líquida en la evolución química y precisar su papel en exobiología.

Es precisamente uno de los objetivos de la misión Cassini-Huygens. Desarrollada de manera conjunta por la ESA y por la NASA, consiste en el envío de una nave *(Cassini)* que se pondrá en órbita alrededor de Saturno y de Titán y largará una sonda *(Huygens)* en la atmósfera de Titán. En el marco de esta misión, varios científicos interdisciplinarios estudiarán un campo en particular, utilizando de manera correlativa los datos de varios instrumentos. Uno de estos programas concierne específicamente el estudio de la química de Titán y de la exobiología. Está claro que, a partir de 2004, fecha de la llegada programada de *Cassini* al sistema de Saturno (lanzamiento en 1997), nuestro conocimiento de la química orgánica de Titán y de sus implicaciones exobiológicas entrará en una etapa decisiva.

El espacio para comunicarse

Si la vida no es un fenómeno propio de la Tierra, si la evolución química ha podido llevar a la presencia de seres vivos en otros planetas, alrededor de otras estrellas, ¿por qué no suponer que la evolución biológica ha tomado también allí el relevo y que ha conducido a una amplia diversidad de especies? Entre estas especies, algunas pudieron, al igual que en la Tierra, evolucionar hacia una vida inteligente y tecnológicamente avanzada. Si logramos entrar en contacto con esas hipotéticas civilizaciones, contaremos inmediatamente con la prueba de la universalidad de la vida y, simultáneamente, de la pluralidad de mundos habitados por seres inteligentes.

Comunicaciones interplanetarias

La idea de contacto con los habitantes de otros mundos no data ciertamente de ayer. Pero sólo a partir del siglo pasado se comienzan a concebir experiencias técnicamente realizables para mostrar nuestra presencia a los extraterrestres. Desde 1820, el astrónomo, matemático y físico Carl Gauss (1777-1855) propone construir, en Siberia, gigantescas figuras geométricas que podrían ser observadas por los telescopios de los eventuales habitantes de otros planetas del Sistema Solar. La detección, por ejemplo, de un gran triángulo rectángulo, con cuadrados a cada uno de sus lados, en la superficie de nuestro planeta, habría sido no sólo el signo de una vida inteligente, sino también el medio para que nuestros observadores extraterrestres evaluaran el nivel de nuestra inteligencia. ¡Así les sugeriríamos que conocemos el teorema de Pitágoras! Se propone también que se construyan, en el desierto del Sahara, inmensas fosas, que se llenen de petróleo y que se encienda fuego. Este espectáculo, visible desde astros cercanos, principalmente desde Marte y observable por parte de las criaturas que allí vivieran, habría constituido un signo evidente de nuestra existencia. Se llega a sugerir incluso la creación de una red de espejos alrededor de Europa que reflejen la luz del Sol hasta el planeta Marte, con la finalidad de mostrar nuestra presencia a los marcianos... deslumbrados.

Los artistas del pueblo de Nazca, que han dibujado en la pampa peruana las célebres y aún misteriosas figuras que llevan su nombre, han creado también imágenes gigantescas, signos de la presencia de una civilización inteligente en el planeta Tierra. Pero estos signos iban dirigidos sin duda más a los dioses que a eventuales observadores extraterrestres, aunque algunos crean ver en ellos pistas de aterrizaje para naves espaciales provenientes de otros mundos.

Hoy en día, los resultados de los datos de *Viking* sugieren poderosamente que la vida no existe en Marte. Ahora bien, el planeta rojo era sin duda el mejor candidato, de todos los planetas que nos rodean, para la búsqueda de vida extraterrestre. Obviamente el Sistema Solar no nos ha revelado aún todos sus secretos. Algunos ven incluso en sus partes lejanas posibles nichos ecológicos: es el caso de Europa, uno de los satélites de Júpiter. De todas formas estas consideraciones son muy especulativas y es probable que la Tierra sea (actualmente) el único planeta habitado del Sistema Solar. En todo caso, es ciertamente el único que alberga vida inteligente. Si queremos aumentar las posibilidades de detectar vida fuera tenemos que salir del Sistema Solar.

Comunicaciones interestelares

Hemos comenzado a enviar naves hacia otras estrellas. Las sondas *Pioneer X* y *Pioneer XI,* lanzadas en 1972 y 1973 sucesivamente, han salido del Sistema Solar. Las sondas *Voyager 1* y *Voyager 2,* lanzadas en 1977, están saliendo de él. Estas naves no están habitadas. No se encontrarán con ningún sistema planetario (en el caso de que se encontraran) hasta más o menos cien mil años (el tiempo necesario para que recorran la distancia que separa al Sol de la estrella más cercana). Estas naves, primeros objetos terrestres que abandonan el Sistema Solar, transportan de todos modos mensajes de la humanidad a los eventuales extraterrestres (inteligentes) con los que se cruzarán durante su viaje sin retorno. Estos mensajes son obviamente simbólicos: no se espera ninguna respuesta. Pero presentan al menos dos intereses importantes. El primero es que han llevado a los científicos a estudiar de manera racional la forma y el contenido de mensajes concebidos para las civilizaciones extraterrestres. La misiva de *Pioneer X* y de *Pioneer XI* es un dibujo que suministra información sobre sus expedidores, su biología, su planeta. Utiliza lenguajes que se suponen universales: las matemáticas (el sistema numérico de base 2) y la astronomía (los púlsares). El de las sondas *Voyager* es más sofisticado: es un videodisco lleno de imágenes y de sonidos de nuestro planeta. El segundo interés de estos envíos es que demuestran que la posibilidad de existencia de otros mundos habitados es tomada en cuenta seriamente a nivel político.

De hecho es otro mensaje, también dirigido voluntariamente a las civilizaciones extraterrestres, el que llegará primero a destino. Es un mensaje codificado, una sucesión de 0 y de 1: una vez decodificado en una imagen de 23 × 73 caracteres, representa una imagen análoga a la del mensaje de las sondas *Pioneer.* Fue emitido durante ciento sesenta y nueve segundos, el 16 de noviembre de 1974, desde el radiotelescopio de Arecibo, hacia la nebulosa M13. Este halo de estrellas, descubierto por el astrónomo Charles Messier, está situado a veinticinco mil años luz aproximadamente. El mensaje tardará, pues, veinticinco mil años en llegar a su destino ya que, al utilizar las ondas hertzianas (la emisión se efectuó en la frecuencia de 2.380 MHz, es decir, una longitud de onda de 12,6 cm, impuesta por las características del emisor), se desplaza a la velocidad de la luz.

La idea es simple: una civilización extraterrestre tecnológicamente avanzada debe dominar las ondas radio: nosotros lo hacemos desde hace más de cien años. Si apunta sus antenas de manera casi permanente hacia nuestra estrella, escuchando en la frecuencia correcta, tiene todas las posibilidades de escuchar nuestro mensaje. Recíprocamente, ¿por qué no escuchar, también nosotros, el espacio, con el fin de localizar sus eventuales mensajes? Es lo que proponen en 1959 los físicos estadounidenses Giuseppe Cocconi y Philip Morrison. Estiman que las ondas electromagnéticas son las más interesantes para comunicarse, ya que pueden desplazarse a la velocidad de la luz y si se elige la frecuencia correcta, pueden recorrer distancias interestelares sin verse absorbidas.

Pero, ¿qué frecuencia se debe elegir? Aun cuando nos limitemos a las ondas radio, el campo es extremadamente amplio (el ejemplo del receptor radiofónico terrestre es ilustrativo). Para los dos físicos estadounidenses sólo debe considerarse una fracción de ese campo. En frecuencias inferiores a 100 MHz aproximadamente, el ruido de fondo natural del Cosmos puede ocultar cualquier señal artificial. En frecuencias superiores, entre los 1.000 y los 10.000 MHz, es la atmósfera terrestre la que se vuelve una limitación. La banda de frecuencias favorables es, sin embargo, muy importante. De todos modos, Cocconi y Morrison destacan también que deben existir frecuencias privilegiadas, ligadas a fenómenos físico-químicos universales y susceptibles de ser conocidas por nuestros corresponsales extraterrestres. Es, en particular, el caso de la frecuencia 1.420 MHz: corresponde a la signatura del átomo de hidrógeno (longitud de onda de 21 cm), el elemento que más abunda en el Universo.

En 1960, el radioastrónomo Frank Drake, siguiendo la idea de sus dos colegas físicos, efectúa la primera experiencia de escucha SETI. Apunta el radiotelescopio del observatorio de Greenbank, en Virginia, hacia dos estrellas cercanas: Tau Ceti y Epsilon Eridani. Estos soles, análogos al nuestro, situados a once años luz, parecían entonces óptimos candidatos, susceptibles de poseer sistemas planetarios.

Drake «escucha» durante tres meses, en la frecuencia de 1.420 MHz. El proyecto Ozma (es el nombre elegido por Drake, guiño al país mágico de Oz y a su reina Ozma, del cuento de la literatura infantil estadounidense *El mago de Oz*) no detecta ningún mensaje de inteligencia extraterrestre. Pero esta experiencia marca el punto de partida de las investigaciones SETI y confirma la necesidad de disponer, para dichos experimentos, de instrumentos más específicos que permitan explorar una amplia gama de frecuencias durante períodos muy prolongados.

Este enfoque origina, obviamente, muchas preguntas. Se basa en una serie de hipótesis que lo vuelven frágil. Frank Drake intentó racionalizar el problema mediante una fórmula que lleva hoy en día su nombre y que tiende a estimar la cantidad de civilizaciones presentes en nuestra galaxia que sean capaces de comunicarse (véanse anexos, pág. 115). Prácticamente todos los parámetros incluidos en esta fórmula son muy difíciles de evaluar. Los parámetros astrofísicos recurren a los datos sobre los sistemas planetarios. Ahora bien, hasta ahora sólo contamos con un solo ejemplo: el nuestro. Los parámetros biológicos, por su parte, recurren a nuestros conocimientos de los procesos que conducen a la aparición de vida y a su evolución: también en ese caso contamos únicamente con el ejemplo de la Tierra. Esta fórmula tiene, de todos modos, una gran virtud: al reunir parámetros de ámbitos científicos muy diferentes, muestra de manera simple pero asombrosa que la exobiología sólo puede avanzar mediante un enfoque realmente pluridisciplinario.

¿Otra vida?

¿Otra química?

La química prebiótica terrestre, la química de la vida que de ella ha emergido, está basada en el carbono, más precisamente en la materia carbonada y en el agua líquida. Desde que los radioastrónomos escuchan el cielo, no han localizado ningún mensaje de ninguna civilización extraterrestre, pero han descubierto unas cien moléculas diferentes en el espacio interestelar. Estas moléculas son, en su gran mayoría, orgánicas; el agua figura también entre las más abundantes. Es, por tanto, razonable pensar que la química del carbono, en presencia de agua (incluso líquida), no se limita únicamente a nuestro Sistema Solar ni a nuestra galaxia. ¿Es acaso ésta la única solución? ¿Se pueden concebir otras químicas, otros disolventes?

El carbono es un elemento simple, relativamente pequeño y liviano; ocupa una posición central en el cuadro de clasificación periódica de los elementos. Esta posición le confiere una propiedad que me parece indispensable para formar estructuras biológicas: se une por covalencia con muchos elementos. Estas uniones son lo suficientemente sólidas como para lograr edificios químicos estables, pero también son lo bastante frágiles como para disociarse y permitir una evolución de estos edificios. En la clasificación periódica de Mendeleïev, los elementos de una misma columna tienen propiedades semejantes. La lógica dicta entonces que allí se debe investigar prioritariamente para establecer una nueva bioquímica. Siendo el carbono el primero de su columna, el silicio, el elemento situado inmediatamente por debajo, es el que debemos considerar. Es un átomo más pesado que el carbono, pero abundante en el Universo (aunque menos que el carbono), posee propiedades análogas que conducen a edificios covalentes. Sin embargo, las uniones son mucho más sólidas, demasiado para prever que se pueda fabricar un sistema vivo capaz de evolucionar naturalmente.

Una vida natural (por oposición a una vida artificial, hecha de robots), construida a partir del silicio, parece poco probable. En cambio, en lo que se refiere al disolvente, la unicidad de la elección me parece menos evidente. Obviamente el agua (H_2O) líquida es un disolvente maravilloso dotado de propiedades físicas, en particular electromagnéticas, que le permiten atraer, rechazar, mezclar, unir y disociar millones de moléculas diferentes. Conserva el estado líquido en una amplia gama de temperaturas (0 a 100 °C, bajo la presión de una atmósfera). El agua es ciertamente la mejor opción, pero existen disolventes de sustitución. El que más se asemeja al agua es el amoníaco (NH_3). Este disolvente posee propiedades electromagnéticas parecidas a las del agua pero presenta algunas desventajas respecto de ella. El amoníaco es líquido a muy baja temperatura y en una gama muy reducida (— 78 °C a — 33 °C). Debido a las muy bajas temperaturas, las reacciones que tienen lugar en este disolvente son más lentas que sus análogas en el agua. Su destrucción (por los rayos ultravioleta solares) conduce al nitrógeno molecular, que no absorbe los rayos ultravioleta medios, mientras que la del agua conduce al oxígeno, y al ozono que sí los absorbe. De todos modos, el amoníaco es un disolvente que da lugar a múltiples reacciones; algunas de ellas son análogas a las reacciones bioquímicas. Para concluir, aunque menos abundante que el agua, el amoníaco está muy extendido en el cosmos y parece también una molécula universal. Una vez más, una bioquímica fundada en el amoníaco es una hipótesis que no se puede descartar totalmente pero que parece poco probable.

¿Otras bioquímicas?

La química del carbono, aun cuando se la limite al agua líquida como disolvente, ofrece un amplio abanico de posibilidades de estructuras y de reacciones. Las investigaciones realizadas desde hace poco tiempo en el campo del origen de la vida para intentar poner en evidencia otros nucleótidos, con menos cualidades que los que constituyen los ácidos nucleicos actuales, pero más simples, parten precisamente de esta idea.

Los organismos vivos de hoy parecen utilizar, sin embargo, sistemas bioquímicos optimizados. No es seguro que se puedan lograr mejores resultados que los del conjunto ácido nucleico/proteína, en las condiciones del medio ambiente terrestre, a no ser que la quiralidad de los componentes básicos de esas macromoléculas pudiera ser invertida sin modificación notable de sus capacidades. Parece entonces muy probable que si una vida extraterrestre utiliza la química del carbono en el agua líquida, su bioquímica pueda ser diferente de la nuestra, pero esa diferencia debe de ser tanto más débil en la medida en que el planeta que alberga vida sea semejante a la Tierra.

En cambio, si esta hipotética vida extraterrestre utiliza un disolvente diferente del agua líquida (lo que significa que ha podido desarrollarse en un planeta de condiciones muy diferentes a las de la Tierra), entonces pienso que su bioquímica y su biología pueden ser fundamentalmente diferentes de lo que conocemos. Tomemos el caso del amoníaco (NH_3). Reemplazar H_2O por NH_3 supone, de hecho, una química orgánica sin átomos de oxígeno. Es un poco lo que ocurre en Titán donde la fuente principal de átomos de oxígeno (el monóxido de carbono) es de una concentración demasiado débil para que este átomo intervenga de manera importante en los mecanismos. Se puede entonces intentar construir otra bioquímica reemplazando sistemáticamente en las estructuras biológicas terrestres los grupos químicos oxigenados por análogos nitrogenados. Cuando nos sometemos a este ejercicio, puramente teórico, se llega a estructuras que *a priori* tienen pocas posibilidades de existir. Sin embargo, esta seudo-bioquímica no es únicamente una «química sobre papel»: muchas estructuras inventadas de esta manera pueden fabricarse en laboratorio.

Formas, inteligencias y tecnologías

Una vida extraterrestre molecularmente semejante a la nuestra es la menos difícil de buscar ya que es la única cuyos engranajes conocemos, aunque parcialmente. Supongamos que gracias a la evolución biológica y partiendo de formas microscópicas la vida extraterrestre haya podido, como su análoga terrestre, alcanzar dimensiones macroscópicas. ¿Qué se puede decir de esta vida evolucionada? ¿Qué formas ha podido adoptar? Entramos allí en un campo de gran especulación, que ha sido mucho más explorado por los escritores y los cineastas de ciencia ficción que por los científicos. Es verdad que en este punto la única vía con la que contamos es compensar nuestra gran ignorancia con mucha imaginación.

Contemplemos nuevamente el universo viviente terrestre. La extrema diversidad de sus formas permite pensar que si existe una vida extraterrestre macroscópica debe adoptar, ella también, formas muy variadas, moldeadas por la evolución biológica. De este modo, la probabilidad de que estos seres extraterrestres sean semejantes a sus análogos terrestres parece muy débil. Muy por el contrario, la influencia de las condiciones del entorno, tales como la gravedad, la densidad de la atmósfera y las temperaturas, en la evolución de las especies tiene que originar organismos muy diferentes de los que conocemos en la Tierra. Es difícil de imaginar que seres de gran tamaño, endebles y gráciles, puedan desarrollarse de manera armoniosa en un planeta denso, con fuerte gravedad.

En la Tierra, la evolución biológica ha permitido el surgimiento de algunas especies vivas dotadas de inteligencia. La especie humana no es la única. Otros animales, entre los llamados «superiores», como el delfín, parecen haber alcanzado también esta importante ventaja. Pero el hombre es el único que posee un lenguaje articulado, para manejar la reflexión; es también el único que pudo desarrollar una tecnología avanzada. La inteligencia parece estrechamente ligada al mundo animal macroscópico, un mundo diversificado, pero en el que los seres presentan numerosas características morfológicas comunes, en particular relacionadas con su simetría. ¿Ocurre lo mismo con la vida inteligente extraterrestre? ¿Las civilizaciones tecnológicas extraterrestres avanzadas están constituidas exclusivamente por humanoides? ¿No podemos considerar que otros animales, de morfología muy diferente a la del hombre, como el pulpo terrestre, puedan alcanzar también ese estadio avanzado de evolución? Algunos (humanos) piensan que la búsqueda de esas vidas es vana, ya que la evolución biológica necesitó casi 4.000 millones de años para que emergiera lo que se considera (quizá equivocadamente y ciertamente de manera parcial) como lo más precioso de la vida terrestre: el Hombre. Afirmo que nada nos permite excluir que procesos análogos (y no idénticos) hayan podido desarrollarse en otro lugar, y más rápidamente. Pero nada nos permite tampoco, en la actualidad, prever la forma que puede adoptar esta vida inteligente extraterrestre.

Conclusión provisional

Los grandes descubrimientos del siglo XXI serán el fruto de la pluridisciplinariedad. Trasponiendo las herramientas teóricas y experimentales entre los campos disciplinarios considerados hoy en día clásicos, la ciencia ha de progresar, y nuestro conocimineto del Universo, de sus objetos y de sus procesos ha de acrecentarse. La exobiología, con sus numerosos caminos complementarios y pluridisciplinarios, constituye uno de los mejores ejemplos de estos nuevos campos de exploración. Traduce la curiosidad y la necesidad de saber y de comprender que ennoblecen a la especie humana. Estamos muy lejos de haber aprehendido todos los misterios de los orígenes y de la evolución de la vida terrestre. Pero considero que no es necesario esperar a conocer todos los secretos para ir a investigar fuera.

¿Estamos en nuestro derecho? ¿No hay acaso suficientes problemas por resolver en la Tierra, prioritariamente? Por supuesto, pero creo justamente que su resolución requiere una gran variedad de enfoques. Estoy convencido de que los trabajos vinculados con la exobiología, desde el laboratorio terrestre hasta el espacio, pueden aportar contribuciones importantes e inesperadas en muchos campos más aplicados y más cercanos a nuestra vida diaria. La exploración espacial ya ha mostrado este tipo de situación.

¿Quién habría podido prever, hace cuarenta años, que el desarrollo de los ordenadores requerido por las investigaciones espaciales llevaría a la explosión informática que conocemos actualmente?

Desde que fue fijada en la tapia de la rue Giordano Bruno, la pequeña placa dorada en memoria del filósofo está siempre adornada con flores. No creo que en ese gesto pueda verse confirmación alguna de la existencia de seres inteligentes extraterrestres. Lo consideraría más bien como el signo de que la idea de la pluralidad de los mundos, incluidos los mundos habitados, ha sobrevivido a lo largo de los siglos y de que ha estado siempre bien arraigada en el pensamiento humano. Se trata ahora de hacer que esta idea dé frutos, dentro de un enfoque perfectamente racional. De todos modos, es necesario que la humanidad se vuelva más inteligente, que deje de masacrarse y de destruir su planeta. He pasado por alto que, debajo de la placa dorada, hay otra mucho más pequeña. Casi hay que pegar la nariz para poder leer la siguiente frase: «La primera placa fijada por la comisión Giordano Bruno el 17 de febrero de 1991 fue destrozada el 1.° de mayo de 1992 por desconocidos.»

Esperemos que esta búsqueda de vida en el Universo nos dé suficiente humildad y sentido de lo cósmico como para volvernos más razonables.

Anexos

Aminoácidos y proteínas, nucleótidos y ácidos nucleicos

proteínas

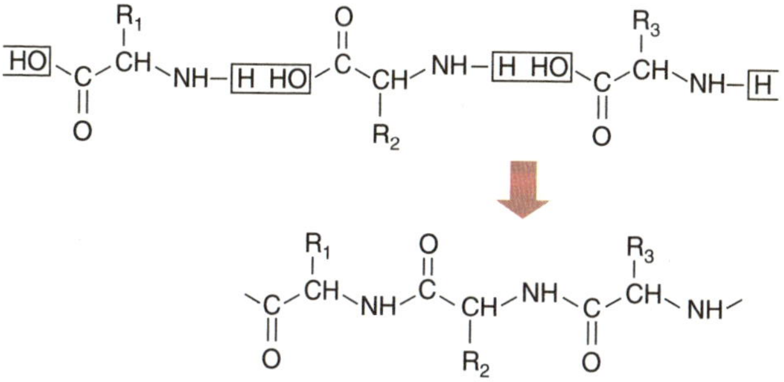

ácidos nucleicos

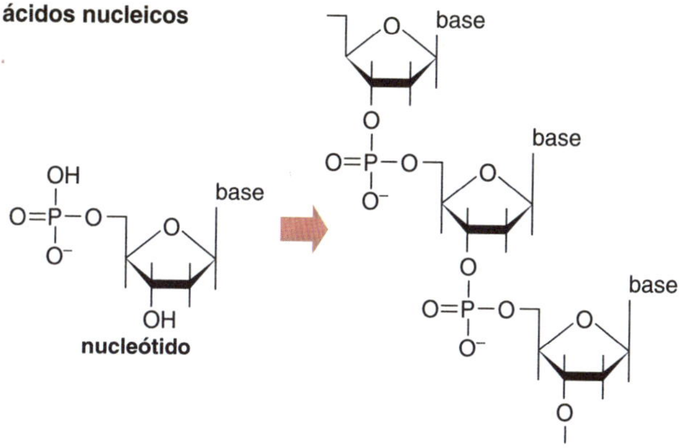

Fuente: *Symposium*, Encyclopædia Universalis, 1989.

Las dos grandes familias de moléculas gigantes fundamentales de la vida terrestre —proteínas y ácidos nucleicos— están constituidas por una sucesión de componentes básicos: aminoácidos en las primeras y nucleótidos en las segundas.

Los aminoácidos son moléculas que poseen un grupo ácido carboxílico (COOH) y un grupo amino (NH_2). Cuando los dos grupos están separados por un solo átomo de carbono (además del del grupo COOH), el aminoácido se llama aminoácido α (si dos átomos de carbono los separan, se habla de aminoácido β; tres, aminoácido γ, etcétera). Las proteínas están formadas por una cadena de aminoácidos exclusivamente de tipo α, elegidos dentro de una lista limitada a sólo veinte compuestos diferentes. Están unidos unos con otros de manera covalente (por unión química obtenida por disociación de moléculas de agua entre dos aminoácidos).

Los nucleótidos son mucho más complejos que los aminoácidos: ellos mismos están formados por tres componentes, unidos químicamente entre sí: un fosfato inorgánico, un azúcar de cinco carbonos (ribosa en el ARN, desoxirribosa en el ADN) y una molécula organonitrogenada de estructura cíclica, llamada base nitrogenada, púrica (doble ciclo) o pirimídica (ciclo simple). Cuatro bases diferentes solamente, que engendran cuatro nucleótidos distintos, se utilizan para cada uno de los dos tipos de ácidos nucleicos. Tres de estas cuatro bases son comunes al ARN y al ADN.

Los ácidos nucleicos resultan de la condensación de los nucleótidos entre sí, que implica uniones covalentes, formadas también por disociación de moléculas de agua.

La fórmula de Drake

El astrónomo estadounidense Frank Drake ha propuesto una fórmula, que se ha vuelto famosa, para estimar el número N de civilizaciones inteligentes tecnológicamente avanzadas susceptibles de estar presentes en nuestra galaxia. Esta fórmula se basa en nuestro conocimiento de los procesos que van de la astrofísica a la biología.

$$N = R \times f_g \times f_p \times n_e \times f_l \times f_i \times f_a \times T$$

R: tasa media de formación de estrellas en la galaxia;

f_g: fracción de estas estrellas similares al sol;

f_p: fracción de estrellas, entre estas últimas, que poseen un séquito de planetas;

n_e: número de estos planetas situados en la zona biotérmica del sistema planetario considerado;

f_l: fracción de estos n_e planetas donde ha surgido vida;

f_i: fracción de los planetas donde la vida evoluciona hacia una vida inteligente;

f_a: fracción de estas civilizaciones inteligentes que hayan podido desarrollar una tecnología avanzada;

T: duración media de vida de tales civilizaciones tecnológicamente avanzadas.

Nuestra ignorancia sobre el valor de algunos de estos parámetros es tal que se ha llegado a decir que esta fórmula no es más que la concentración de una cantidad muy grande de ignorancia en un pequeñísimo espacio. La principal dificultad consiste en la estimación de los parámetros predominantemente biológicos (f_l a f_a) y tenemos muy poca información sobre el parámetro T. Por tanto, no resulta sorprendente constatar que las estimaciones de N van de varios miles de millones a... una sola unidad: nuestra propia civilización. Sin embargo, esta fórmula tiene el mérito de intentar racionalizar la cuestión estableciendo una lista de los parámetros que intervienen.

Glosario

Ácido desoxirribonucleico o **ADN:** ácido nucleico portador de la información genética.
Ácido nucleico: macromolécula biológica constituida por varios polinucleótidos (véase esta palabra); es portador de la información genética (ADN) o permite su transferencia (ARN).
Ácido ribonucleico o **ARN:** ácido nucleico que permite la transferencia de la información genética en el momento de la duplicación.
Acreción: mecanismo de captación de materiales exteriores por parte de un planeta en formación, bajo el efecto de la gravitación.
ADN: véase ácido desoxirribonucleico.
Aminoácido: Molécula orgánica que contiene un grupo ácido y un grupo amino en cada uno de sus extremos. Cuando estos dos grupos están separados por un único átomo de carbono, se trata de un aminoácido α, por dos átomos, de un aminonoácido β, por tres átomos de carbono, de un aminoácido γ, etc. Los aminoácidos α (al menos veinte de ellos) constituyen los componentes básicos de las proteínas.
ARN: véase ácido ribonucleico.
Autótrofo: sistema vivo capaz de fabricar sus componentes biológicos básicos a partir de materiales inorgánicos del medio en el que vive.
Bases pirimídicas: moléculas orgánicas complejas de estructura bicíclica que incluyen átomos de nitrógeno. Son (timina, uracilo y citosina) uno de los tres constituyentes de los nucleótidos.
Bases púricas: moléculas orgánicas complejas de estructura cíclica que incluyen átomos de nitrógeno. Son (adenina y guanina) uno de los tres constituyentes de los nucleótidos.
Condrito: tipo de meteorito (véase esa palabra) heterogéneo que incluye numerosos elementos en su interior. Los condritos carbonados son condritos ricos en carbono.
Cromatógrafo en fase gaseosa: instrumento de análisis químico que permite la separación y la detección de compuestos gaseosos o vaporizables.

Desgasificación: eliminación de gases incluidos en un líquido o en un sólido.

Enantiómeros: compuestos químicos que guardan entre sí la relación de un objeto con su imagen en el espejo pero no superponibles (véase «quiralidad»).

Enzima: proteína (véase esta palabra) capaz de aumentar selectivamente la velocidad de una reacción bioquímica.

Espectómetro de masa: instrumento de análisis físico-químico que permite la identificación de sustancias químicas.

Eucarionte: ser vivo constituido por células que tienen un núcleo.

Evolución química: hipótesis según la cual la vida terrestre apareció después de una lenta evolución de los materiales inorgánicos u orgánicos simples, presentes en el medio ambiente de la Tierra primitiva.

Exobiología: ciencia que estudia la vida en el Universo: sus orígenes, su evolución y su distribución.

Fotón: partícula sin masa que compone la luz.

Fotosíntesis: mecanismo biológico que permite la transformación del dióxido de carbono en azúcar bajo la acción de la luz.

GC-MS: instrumento de análisis químico que incluye un cromatógrafo en fase gaseosa (véase esta palabra) acoplado a un espectómetro de masa (véase esta palabra).

Heterótrofo: sistema vivo que se alimenta de materia sistetizada exteriormente para fabricar sus componentes biológicos básicos.

Homeostasis: tendencia de los organismos vivos a estabilizar sus diferentes parámetros biológicos frente a las constricciones del medio exterior.

Inorgánico: concierne a la química mineral, química que no hace intervenir el carbono bajo una forma químicamente reducida.

Isótopos: átomos que corresponden a un mismo elemento químico (es decir, que tienen la misma cantidad de electrones), pero que se diferencian por la masa de su núcleo. Dos isótopos poseen propiedades químicas muy similares, pero reaccionan a velocidades levemente diferentes.

Isua: región de Groenlandia que posee las más antiguas rocas sedimentarias terrestres que se conocen actualmente.

Macromolécula: molécula gigante, constituida por una sucesión de pequeñas moléculas de estructura bien determinada, unidas de manera covalente.

Magnetosfera: zona situada en torno a un planeta que posee un campo magnético.

Meteorito: objeto sólido que gravita en el espacio interestelar, que cae en un planeta.

Micrómetro o **micrón:** millonésima parte del metro.

Molécula: conjunto de átomos unidos de manera covalente.

Monómero: molécula simple que representa la unidad que constituye un polímero o una macromolécula (véanse estas palabras).

Nucleótido: monómero de polinucleótido. Un nucleótido está compuesto por tres moléculas unidas de manera covalente: un azúcar, un fosfato y una base púrica o pirimídica.

Orgánico: relativo a la química del carbono.

Pirólisis: proceso de vaporización y de degradación de materiales, en particular orgánicos, por calentamiento a alta temperatura.

Polímero: macromolécula compuesta por un número restringido de monómeros diferentes, repetidos una gran cantidad de veces.

Polinucleótidos: polímero de nucleótidos.

Polipéptido: un péptido es en sí mismo una reunión molecular de varios aminoácidos. Un polipéptido es un péptido de gran tamaño: un polímero constituido por la reunión de una gran cantidad de aminoácidos unidos unos con otros.

Prebiótico: relativo a los procesos físicos y químicos que pueden conducir a la aparición de sistemas vivos, a partir de materiales simples.

Precursor: molécula cuya evolución en solución acuosa puede conducir a un compuesto complejo, en particular de interés biológico.

Procarionte: ser vivo unicelular cuya célula no tienen núcleo aparente.

Proteína: macromolécula biológica constituida por polipéptidos, formados por el encadenamiento de una gran cantidad de aminoácidos.

Proteína de estructura: proteína que asegura la cohesión de los edificios biológicos.

Proteína-enzima: proteína que desempeña el papel de catalizador específico de las reacciones bioquímicas (véase también: enzima).

Quiralidad: propiedad de una estructura, en particular química, de no ser superponible a su imagen en el espejo.

Racémico: se dice de una mezcla en proporciones iguales de dos enantiómeros.

Rayos cósmicos: partículas de alta energía, presentes en el espacio.

Ribosoma: elemento de la célula donde se efectúa la síntesis de las proteínas: es la verdadera fábrica de la célula.

SETI: del inglés *Search for Extra-Terrestrial Intelligence:* búsqueda de señales de inteligencia extraterrestre a través de la escucha del cosmos.

Termodinámica: parte de la física que estudia las relaciones entre la mecánica y el calor y en particular las condiciones de equilibrio.

Viento solar: conjunto de las partículas emitidas por el Sol de manera constante.

Bibliografía

Orígenes de la vida

Brack, A., Raulin, F., *L'Évolution chimique et les Origines de la vie*, Masson, col. «Les grands problèmes de l'évolution», 1991.
Danchin, A., *Une aurore de pierres: aux origines de la vie*, Le Seuil, 1990.
Duve, C. de, *Construire une cellule: essai sur la nature et l'origine de la vie,* InterÉditions, 1990.
Oparin, A.I., *El origen de la vida sobre la Tierra*, Tecnos, Madrid, 1979.
Rosnay, J. de, *L'Aventure du vivant*, Le Seuil, 1988.
Shapiro, R., *L'Origine de la vie: le sceptique et le gourou*, Eshel, 1988.

Exobiología

Bylinsky, G., *La Vie dans l'Univers de Darwin*, Laffont, 1983.
Crick, F., *La vie vient de l'espace*, Hachette, 1982.
Davoust, E., *Silence au point d'eau*, Teknea, 1988.
Heidmann, J., *Intelligences extraterrestres*, Odile Jacob, 1992.
Planel, H., *L'Espace et la Vie: un nouveau laboratoire pour la biologie et la médicine*, Larousse, 1988.
Sagan, C., *La conexión cósmica,* Plaza & Janés, Barcelona, 1987.
Schatzman, E., *Les Enfants d'Uranie: à la recherche des civilisations extraterrestres*, Le Seuil, 1986.

Astronomía y Sistema Solar

Audouze, J., Israel, G. (dirigido por), *Le Grand Atlas de l'astronomie*, Encyclopaedia Universalis, 1993.

Encrenaz, T., Bibring, J.-P., *Le Système solaire*, InterÉditions/Ediciones del CNRS, col. «Savoirs actuels», 1987.
Festou, M., Ribes, J.-C., Véron, P., *Les Comètes, mythes et réalités*, Flammarion, 1985.
La Cortadière, P. de (dirigido por), *Astronomie*, Larousse, 1991.
Levasseur-Regourd, A.-C., La Cortadière, P. de, *Halley: le roman des comètes*, Denoël, 1985.
Maurette, M., *Chasseurs d'étoiles*, Hachette, col. «Questions de science», 1992.

Títulos de los que no se disponía en el momento de la aparición de esta obra, pero cuya consulta aconsejamos en biblioteca

Flammarion, C., *La Pluralité des mondes habités*, a partir de 1884, reediciones en Marpon y en Flammarion.
——, *Les mondes imaginaires et les Mondes réels*, a partir de 1864, reediciones en Marpon y en Flammarion.
——, *Astronomie populaire*, Flammarion, 1955.
Ribes, J.-C., Monnet, G., *La Vie extraterrestre: communications interestellaires, colonisation de l'espace*, Larousse, 1990.

Referencias de las citas

Pág. 58: A. G. W. Cameron (dirigido por), *Interstellar Communication*, pág. 294, W. A. Benjamin Inc., Nueva York, 1963.
Págs. 78-79: citado por H. S. F. Cooper en *The Search for Life on Mars*, Holt, Rinehart & Winston, Nueva York, 1976, pág. 9.

Índice onomástico y de materias

Títulos de la colección

1 *La inteligencia artificial,* J.-G. Ganascia
2 *La memoria, del cerebro a la escuela,* Alain Lieury
3 *La procreación artificial,* Jacques Testart
4 *La explosión demográfica,* Albert Jacquard
5 *El insomnio,* Jean-Michel Gaillard
6 *La relatividad,* Nayla Farouki
7 *El sistema Tierra,* Ichtiaque Rasool
8 *Vivir con los insectos,* Pierre Ferron
9 *La bioética,* Jean Bernard
10 *Las partículas elementales,* Étienne Klein
11 *La vida en el Cosmos,* François Raulin